典型违章的纠正与预防

张际华　田雨平　主编

中国电力出版社
CHINA ELECTRIC POWER PRESS

内容提要

本书系统地介绍了典型违章的含义、成因及其危害性；列举了典型违章的表现及其纠正方法；提出了预防典型违章的措施和对策，同时对典型违章案例配以栩栩如生的漫画，使内容生动丰富。

本书可供电力企业各级领导、安全生产监督管理者、班组职工在反违章工作中学习使用。

图书在版编目（CIP）数据

典型违章的纠正与预防/张际华，田雨平主编. —北京：中国电力出版社，2011.6（2021.10 重印）

ISBN 978-7-5123-1574-7

Ⅰ. ①典…　Ⅱ. ①张…②田…　Ⅲ. ①电力工程－违章作业－案例　Ⅳ. ①TM08

中国版本图书馆 CIP 数据核字（2011）第 060074 号

中国电力出版社出版、发行

（北京市东城区北京站西街 19 号　100005　http://www.cepp.sgcc.com.cn）

北京雁林吉兆印刷有限公司印刷

各地新华书店经售

*

2011 年 6 月第一版　　2021 年 10 月北京第九次印刷

787 毫米×1092 毫米　32 开本　8.75 印张　185 千字

印数 12001—13000 册　　定价 **45.00** 元

《典型违章的纠正与预防》
编委会

主　　编	张际华	田雨平	
副主编	王　伟	汪　力	
委　　员	王旭泽	王新国	付　东
	王旭亮	刘　诚	王旭东
	田浩然	张　立	王　莉
编写人员	田大伟	周凤鸣	
绘　　图	张兆林	苗　杰	

序

《典型违章的纠正与预防》是献给电力职工的一本通俗读物。

违章是诱发责任事故的土壤和温床。据相关资料统计，电力企业90%以上的责任事故是由违章引发的。正因为如此，从1993年11月后，全国电力行业广泛而深入地开展了反违章活动，并取得了阶段性成果。一些职工对违章的危害、原因和预防措施有了较为深刻的认识，反违章的自觉性大为增强。

但是，必须看到，违章的存在有一定的社会根源和思想根源，铲除违章绝非一日之功；并且，只要条件具备，一些已经出现过的违章又会改头换面地表现出来。因此，我们必须把反违章作为一项长期的工作任务，坚持不懈地抓紧抓好。

在反违章工作中，作者为了适应企业进行安全教育和职工群众阅读的需要，曾编写和出版一些介绍反违章的目的、重大意义和方法步骤的读物，起到了辅助和配合作用，深受企业和职工群众的喜爱。

这次编写和出版本书，与以往类似的读物相比有两个突出的特点。一个特点是，它较为集中地介绍了典型违章在日常作业和管理工作中的主要表现和可能引发的危害，同时，又简明扼要地介绍了纠正方法和预防措施，便于记忆和思考，具有很强的可操作性，只要认真阅读和研究，就会使识别和预防能力有所提高。另一个特点是给文字介绍选配了内容相关的漫画，一目了然，栩栩如生，使人产生身临其境之感，极易引起共鸣和阅读兴趣。

我相信，本书的出版，必将为反违章、实现安全生产、促进企业的长治久安和稳定发展产生积极的影响。

李清江

2011 年 3 月

前言

我们在基层单位检查工作时，一些安全生产监督管理人员反映，深入开展反违章工作，基层单位缺少这方面的指导性读物。这促使我们有责任研究、探索并编写贴近基层安全生产工作实际的普及读物，指导企业行之有效地开展安全生产反违章工作。基于此，我们组织专家编写了《典型违章的纠正与预防》。

安全生产工作的经验教训告诉我们：90%以上的生产安全事故是由违章引发的。因此，要有效地遏制生产安全事故，就必须有效地遏制违章。实践证明：违章不除，事故难绝。预防事故，实现安全生产，必须不断加大力度，根治违章。

开展反违章工作，创建无违章企业，企业全体员工都必须珍爱自己和他人的生命，这实际上就是防微杜渐，从源头上杜绝违章、杜绝生产安全事故的发生。

以往人们常讲："扬汤止沸，不如釜底抽薪。"预防生产安全事故也必须抓住根本环节，将预防关口前移。安全生产工作，把预防事故的关口放在防止和纠正违章上，这不仅是铲除诱发事故的土壤和条件的必由之路，也是确保企业人身和设备安全的有力措施。

当前，全国电力企业正在深入开展反违章工作。很多企业深刻认识到违章的严重危害性，把反违章工作纳入安全生产长效管理机制，持续地抓紧抓好，有效地增强了全员安全意识，使违章现象大幅度减少以致杜绝，取得了防止违章、预防事故、实现安全生产的明显效果。

反违章工作任重而道远，不是权宜之计，不是抓一阵子就完事了，而是一项长期而艰巨的工作任务。必须树立长期作战的思想，实实在在地抓出成效来，为企业的长治久安，为企业的改革与发展奠定坚实的基础。

编　者

2011 年 2 月

目 录

第二部分　典型违章案例分析

典型违章相关知识

1. 典型违章的含义是什么?

所谓典型违章，是指违背安全生产的客观规律，严重违反安全工作规程的行为。包括行为违章、管理违章和装置违章。典型违章实质上是一种违反安全生产标准化作业程序的盲目行为，或没有意识到，或随意所为，危害性极大。

2. 典型违章的特点是什么?

发生在电力企业的典型违章行为，有比较明显的特点。

（1）典型违章具有一定的顽固性。由于违章是一定的心理定势支配的，并且是一种主观意愿的做法，因而它具有顽固性、多发性的特点。

（2）典型违章具有一定的潜在性。尽管事故责任者加倍注意安全，但由于在长期的实践中形成的主观随意性在起作用，就有意无意地违背了安全工作规程作业。

（3）典型违章具有一定的历史继承性。一些职工发生的典型违章行为，不是他们“发明”的，而是从老职工身上“学”来的。看到老职工违章操作“既省力，又没出事”，自己也盲目地效仿。

（4）典型违章具有一定的排他性。有些典型违章的职工，对安全工作规程根本学不进，不遵守，总以为自己的行为方式“管用”，而安全工作规程则是“可有可无的东西”。这说明，要建立起适应现代化生产需要的行为方式，必须更新观念，变不良的行为方式为遵章守规的良好习惯。

3. 典型违章的表现形式主要包括哪些方面?

典型违章的表现形式按照违章的性质来划分，可分为违章操作、违章作业和违章指挥。

（1）违章操作即行为违章，即在操作中违反安全工作规程所规定的安全操作技术或操作程序的行为。安全工作规程规定的安全操作技术或操作程序，是对安全操作的客观规律的总结，是操作人员必须遵循的准则。但是，由于种种缘故，一些操作人员养成了有章不循，随心所欲的不良习惯，致使险情频发，甚至导致事故。

（2）违章作业实质上是一种行为违章。即违反电力安全工作规程，随意进行电力生产或施工活动。有些工人不自觉地用自己的习惯作法取代安全工作规程的规定，违章作业确实成了一种不良习惯。

（3）违章指挥即管理违章。即负责人在指挥作业过程中，违反安全规程的要求，随意或盲目进行指挥的行为，其行为往往导致严重后果。

4. 什么是行为违章？基本特征有哪些？

行为违章是指现场作业人员在电力建设、运行、检修等生产活动过程中，违反保证安全的规程、规定、制度、反事故措施等的不安全行为。其基本特征是：① 违章对象是从事作业工作或进行具体操作的人员。② 违章发生的场所在作业现场或工作岗位。③ 违章内容是指违反应担当的安全生产职责，或者违反应遵守的安全工作规程规定等。④ 违章的表现可能是作为的，即擅自违抗，铤而走险；也可能是不作为的，如不执行安全工作规程规定。行为违章也是违章作业的一种典型表现。

5. 违反预防触电规章的表现主要有哪些？

（1）工作范围不能满足安全距离要求。

（2）试验现场不设置遮栏或围栏，不向外悬挂“止步，高压危险！”标示牌。试验现场或被试设备不在同一地点，另一端的看守人员擅离岗位。

（3）高压试验变更接线或试验结束时，不按要求首先断开试验电源、放电。未在升压设备的高压部分短路接地。

（4）在高压直流试验中，每当一段落结束时，未将设备对地放电数次并短路接地。

（5）未经批准，擅自进入设备场区进行巡视工作，或擅自跨越围栏。

（6）擅自扩大工作范围，移动安全围栏等。

（7）进入生产现场不按规定着装，穿凉鞋、背心和短裤等，工作服材质选料不符合规定要求；机械加工女工的着装、防护不符合规定。

（8）不按规定定期检修、维护、校验登高工具和电气绝缘工器具。

（9）在10kV高压开关柜内工作，不在该柜母线刀闸动静触头之间加装绝缘挡板。

（10）不执行保证安全的组织、技术措施要求。

（11）检修母线时，不按规定的“根据母线的长短和感应电压的实际情况确定地线数量，确保10m一组”，门型架构超出10m时不采取临时接地措施。

（12）在带电设备周围使用钢卷尺、皮尺和线尺（夹有金属丝者）进行测量工作。

（13）在停电的低压回路工作时，不遵守有关停电、验电和采取其他安全措施的规定。

（14）低压带电作业工作，不遵守有关规定。

（15）停电更换低压熔断保险器后，恢复操作时，不戴手套和护目镜。

（16）检修现场危险点不派专人专职监护。

（17）登杆前不执行核对名称、编号（杆号）、色标（位置）的规定。

（18）线路进行带电登杆巡视工作时，不派专人监护跟踪到位。

6. 违反高处作业规章的表现主要有哪些？

（1）登高作业人员不具备身体健康的要求。患有精神病、癫痫病及经过医生鉴定患有高血压、心脏病等不宜从事高处作业病症的人员参加高处作业。饮酒或精神不振时仍旧登高作业。

（2）不能正确检查、使用安全带（绳），使用时安全带（绳）未扎在牢固的架构上。

（3）在屋外变电站和高压室内搬动梯子、管子等长物，未放倒搬运，并与带电部分保持足够的安全距离。带电区域内使用金属梯。

（4）登高作业人员穿硬底鞋或带铁掌鞋，特殊天气或环境登高作业未有防滑措施。

（5）冬季高处作业未采取防滑、防冻措施，登高前未对安全工器具和其他防护措施进行检查。

（6）高处作业中上下抛掷物品，不按规定使用传递绳传递物品。

（7）66kV及以上设备清扫悬垂工作未使用双保险安全带（绳）。站在大跨度跳线上进行工作，杆塔上工作转移或移动时失去安全防护。

（8）线路悬垂清扫时，工作前未对金具各部位（球头、开口销等）的牢固性进行检查。

7. 违反防止机械伤害规章的表现主要有哪些?

（1）进入生产现场（办公室、控制室、值班室和检修班组室除外）的人员未戴安全帽。安全帽配置不规范，佩戴不标准。

（2）吊装用具（机具、器具、索具）使用前未进行检查，并经过承载负荷计算。

（3）超负荷起吊物件，起吊前未详细检查、核实吊挂点状态，负荷偏移失控。

（4）起重操作工未经过培训，持证上岗。起重指挥人员未经过培训。

（5）起重设备操作前未遵守操作规程和规定：统一信号、专人指挥，明确指挥信号，鸣铃启动。

（6）起吊物下或吊车运转过程中吊臂下有人员逗留。

8. 违反防火防爆规章的表现主要有哪些?

（1）在易燃易爆区域携带火种、吸烟。动用明火施工时，穿带铁钉的鞋进入现场。

（2）在油管道上进行焊接工作，或在拆下的油管道上进行焊接，未按要求事先将管子冲洗干净。现场焊接未办理动火工作票，工作现场未配置充足的消防器材。

（3）焊接切割工作前。未对周围易燃物进行清理，工作结束后未对现场进行检查和清理遗留物。

（4）现场进行滤油工作未安排专人看管，做好防漏、防火措施，配足消防器材。工作中断或工作结束未立即将有关电源切断。

（5）消防设施、装置未定期进行检查、维护，超期使用，标志不正确、不清晰，擅自挪用。

（6）气焊器材未严格遵守管理规定，防护罩不齐全，压力表、减压阀使用前未进行检查，有破损，气瓶未定期校验，色标不准确不清晰。

（7）工作现场使用气焊工具器材不符合有关规定。

9. 违反检修作业规章的表现主要有哪些？

（1）倒闸操作未遵守操作票、操作规定及有关制度。

（2）对变电、线路合成绝缘子未沿其上下进行检查，未使用合格的专用检修设施。

（3）线路作业不能保证工作人员处于两端接地保护范围内，未根据现场情况使用个人保安线。

（4）雨天进行配电设备紧急操作，未使用带防雨罩的专用绝缘杆。

（5）使用电动工具金属外壳无接地线，电源线绝缘不良破损，使用电钻（手提电钻）等电气工具未戴绝缘手套。

（6）在电缆隧道、夹层或金属容器内工作时，未使用安全电压行灯照明并派专人监护。

（7）穿（跨）越安全遮栏、围栏、安全警戒线。

（8）对正在运行中的机械设备（电钻、砂轮、无齿具等）擅自开启安全防护罩，用手触摸或更换附件及进行维护检查工作。

（9）对砂轮机、车床等切割机具操作时，不按照规定佩戴防护眼镜。

（10）使用钻床、大锤工作时，戴手套或单手抡锤，周围有人靠近。

（11）压板投、切、停操作时，未严格执行有关安全规定。

(12) 保护回路校验后，未严格履行管理规定，恢复时单凭记忆，未执行双人复核制度。

(13) 在带电的 TA、TV 二次回路上工作未采取防止开路、短路的安全防护措施。

(14) 变电站主控室、微机保护室等未遵守有关严禁使用移动通信工具的规定。

(15) 在全部或部分带电的盘上进行工作时，未将检修设备与运行设备前后以明显的标志隔开（如盘后用红布帘，盘前用“在此工作”标示牌等）。

10. 什么是装置违章？它有哪些主要表现？

装置违章是指生产设备、设施、环境和作业使用的工器具及安全防护用品不满足规程、规定、标准、反事故措施等的要求，不能可靠保证人身、电网和设备安全的安全状态。

装置违章表现主要有：

(1) 低压用电装置未配置触电保安器。

(2) 电气设备金属外壳、设施接地未采用焊接、压接或螺栓连接。

(3) 运行设备对地距离不能满足规程要求。

(4) 变电站（所、室）遮栏网不能满足安全防护要求。

(5) 分段母线桥架构、开关室（柜）间隔之间无隔离措施或警示标志。

(6) 平行和同杆架设线路未配置明显的色标标志。

(7) 各类设施安全警示标志不符合规范要求。

(8) 检修专用梯子端部未安装防滑装置。人字梯未安装限制开度的拉绳，材质不符合要求。

(9) 变电站电缆沟盖板有严重的破损，无法满足防止小动物进入的要求，观察口没有标志。

(10) 所有升降口、大小孔洞、楼梯和平台未安装不低于1050mm高的栏杆和不低于100mm高的护板。

(11) 变电站高压室门不符合规定，从外向里开，紧急通道标志不齐全，道路不畅通。

(12) 起重机械信号、显示、保护、吊具部件不齐全，性能不符合要求。

11. 什么是管理违章？它有哪些主要表现？

管理违章是指各级领导、管理人员不履行岗位安全职责，不落实安全管理要求，不执行安全规章制度等的各种不安全行为。

当前，电力企业管理违章主要有以下17种表现：

(1) 安全生产目标管理违章。

(2) 安全生产责任制管理违章。

(3) 安全生产监督机构建设管理违章。单位虽设有安全监督部门，但人员配备不齐，或者配备的人员素质低下，满足不了安全生产工作的要求。二级单位和班组不设专（兼）职安全员，或者虽有安全员，但履行职责不到位。

(4) 安全例行管理工作违章。

(5) 规程制度管理违章。

(6) “两票三制”管理违章。

(7) “两措”管理违章。

(8) 设备缺陷管理违章。

(9) 发承包工程和临时工管理违章。

(10) 反违章工作管理违章。

（11）安全工器具管理违章。

（12）安全性评价管理违章。

（13）事故调查与处理管理违章。

（14）安全教育培训管理违章。

（15）职业卫生工作管理违章。

（16）消防工作管理违章。

（17）技术监督工作管理违章。

12. 为什么说管理违章具有更大的危害性？

在安全生产反典型违章活动中，必须把反管理违章行为放在反其他违章行为的首位，首先解决好，这是因为管理违章具有更大的危害性。

对安全生产负有管理责任的人员，手中握有一定的权力，实施决策、组织、指挥、检查等职责，能否依法管理、按章办事，对能否有效地预防事故、实现安全生产有着举足轻重的影响。

13. 为什么要重点预防和查处管理违章？

首先，预防和查处管理违章是标本兼治，预防和减少生产安全事故的有力措施。以往，发生生产安全事故后，追查的是违章作业或违章指挥行为，忽略了对管理违章的追查。其实，引发生产安全事故的，既有典型违章作业或典型违章指挥行为，也有管理违章行为，或者说管理违章行为是引起典型违章作业或典型违章指挥的前因，典型违章作业或典型违章指挥的出现则是管理违章的必然后果。

其次，预防和查处管理违章，是使有关人员增强事业心和责任感，提高安全生产工作水平的当务之急。

再次，预防和查处管理违章，是防止违章指挥和违章作业的重要条件。管理违章、违章指挥和违章作业互相影响、互为作用，成为诱发事故的综合症结。

最后，预防和查处管理违章，是维护党纪、政纪和国法的必然要求。对管理违章的查处，应同查处违章指挥、违章作业一样，依据所造成的后果危害及应负的管理责任，作出严肃处理。

14. 为什么说典型违章的生成具有一定的客观因素？

从总体上来分析，典型违章的生成具有一定的客观因素。

（1）“文化大革命”使电力行业各项安全规章制度遭到严重破坏，违章现象得以蔓延滋长。“文化大革命”结束后，特别是改革开放以来，电力行业相继颁布了安全生产的各项规程，恢复和健全了安全生产规章制度。尽管如此，对各项安全规章制度的作用和贯彻执行这些规章制度重要性和紧迫性的认识，并没有彻底解决。时至今天，有的工人仍认为“规章制度是条条框框，执行不执行无所谓”，因而出现用不良的传统和习惯做法代替安全工作规程的要求的现象。这说明，研究和制定一项规程不易，把它变为每个人的自觉行动更难，需要做大量艰苦、细致的工作。

（2）因循守旧，不愿推陈出新，也是形成典型违章行为的重要原因。从建国之初到现在，我国电力事业发展很快。新的生产工具和设备的采用，必然要求操作方法和工作方式的不断更新。因此，必须加强培训，抓好养成教育，使工人尽快地熟悉新的操作要领和工作方式。

（3）在特定的社会生活环境中养成的不良习惯，也是产生典型违章的一个因素。每个职工都在特定的社会环境中生活，可能养成良好的习惯，也有可能养成不良的习惯。

（4）具体的典型违章做法还有一定的影响性。新工人参加工作后学习操作要领，通过多种途径，有老师傅的传授，自己的实际操作，而有相当一部分操作要领则是通过耳濡目染从师傅那里学来的。一些典型违章现象之所以在几代人身上反复出现，便是上行下效或师授徒仿的结果。作为领导和师傅，应该在遵章守规上带头，切不可在典型违章上带头。

15. 为什么说典型违章的生成有一定的主观因素？

人的行动是受思想活动支配的，典型违章行为也是受不良的思想活动所支配。从多数事故来看，支配典型违章行为的思想因素主要有以下几种表现：

（1）麻痹大意。其主要表现是，按照常规的思路考虑问题，觉得没有什么危险，因而对可能导致的灾祸估计不足，或根本没有觉察。

（2）侥幸心理。其表现是：明知典型违章行为将会引起不良后果，但又感到并非每次典型违章都会导致事故，每每在侥幸心理的驱使下，铤而走险，自食其果。

（3）自以为是。其表现是：总认为自己有经验，有能力防止事故发生，因而相信不良的传统或习惯做法。

（4）求快图省事。其主要表现是：为了赶进度，早下班，早休息，人为地改变或缩减作业程序，一时求快图省事，往往带来不堪设想的后果。

（5）纪律观念淡薄。其具体表现是：作业人员不服从指挥，各行其是。

（6）单纯地追求经济利益。比如，有的施工队伍，由于单纯追求经济利益的思想作怪，擅改施工方案，只求进度，不顾质量和安全的行为，也时有发生。这是导致典型违章行为的较为普遍的思想因素。

上述情况告诉我们，要防止和减少典型违章行为，就必须从思想教育入手，引导职工克服不良思想认识，牢固树立安全第一的思想。

16. 为什么说某些不良心理定式易于引发典型违章行为?

心理定式是人们在认识客观事物，决定行动之前的一种心理准备状态。它是人们对同类事物反复认识并在头脑中形成比较稳固的联系的结果。正因为形成了特定的心理定式，所以，当同类事物出现的时候，便会以特定的心理准备状态去感知它，并决定自己应采取什么样的行为。典型违章的明显特征是固守不良的做法，它是受着人们某种心理定式所支配的。因此，要纠正典型违章行，就必须培养良好的心理素质。支配典型违章的心理定式有以下表现：

（1）固守已经掌握的操作要领，不习惯使用新的操作方式。随着电力工业的发展和科学技术的广泛应用，各种防护工器具和操作方式也在不断地改进，从而提高了安全作业的保险系数。但是，有些工人由于在过去的工作实践中，对旧的操作方式形成了特定的心理定势，尽管现在有了新的规定，他们仍然不自觉地沿用旧的操作方式或者在新作业方法中掺杂进原有的操作方式，以致发生事故。

（2）相信已获得的信息，忽视客观事实。事先商定的事情或已经明确的事项，都容易在人们心理上造成既成事实的印象。有的人只凭这些先入为主的印象，不按规程要求去做而吃苦头。

(3) 把偶然获得的经验，当成必然的规律。在这种心理定式的驱使下，常常不顾安全工作规程的要求和客观情况而冒险蛮干。

(4) 习惯性动作。习惯性动作是指人们在长期的社会环境中养成的程式化的动作习惯，它也是心理定式的一种表现形式。习惯性动作对安全作业有很大影响。心理定式对人们的动作行为既有积极的意义，也有消极的影响。在作业中，心理定式可以使人们迅速、敏捷、自动地从事操作，提高工作效率。人们对某些操作要领达到自动的程度，常常无需有意注意，便可准确无误地完成，也是心理定式作用的结果。但是，心理定式有时也会促使人们固守旧的习惯或老经验，导致不安全的后果。所以，必须从养成遵章守规的作业行为入手，来减少心理定式带来的消极影响。

17. 典型违章有哪些严重危害性？

据对电力行业事故的调查分析，典型违章比一般违章造成事故的机会更多，概率更高，因而危害性也就更大。

(1) 典型违章是有章不循、明知故犯的行为，严重地妨碍了安全工作规程的执行力。一般违章是在个别人身上或个别时候出现的个别违章现象。究其原因多数是属于缺乏安全技术知识、不懂不会而引起的。只要加强培训教育和监护，制止和预防一般违章并不难。典型违章则不然，行为者往往既熟知安全工作规程，又懂得其做法的危害性，但在实际工作中，不顾规程和危害，按自己认为可行的方式办事，这就严重地削弱了安全工作规程的权威性和严肃性。

(2) 典型违章有很强的传染力。一般违章是个别现象，容易得到纠正，影响面较小。典型违章则不然，其消极影响很大，特别是发生在领导者和老工人身上的典型违章行为，将会造成潜移默化的消极影响。作为领导者和老工人传授给职工或新工人的，应该是遵章守规的优良传统而绝不应是不良的习惯做法。传授不良的习惯做法，则等于埋下了事故的隐患。

（3）典型违章容易使人对事故失去警惕性。一般违章行为，很容易得到及时纠正。对典型违章行为，由于人们看得多了，习以为常了，所以，根本没把它当回事。

（4）典型违章是造成事故的一大根源，据统计，电力行业有90%以上的人身死亡事故，是典型违章造成的。

18. 为什么说典型违章是生成事故的一大祸患？

事实上，并不是每起典型违章都必然诱发事故。但是，典型违章与事故之间存在着必然的因果关系，也就是说，典型违章是发生事故的一大原因，而有相当数量的事故正是典型违章的必然结果。因此，典型违章发生的概率越高，诱发事故的可能性就越大。反之，典型违章发生的概率越低，发生事故的可能性就越小。我们说，典型违章与事故成正比，一点也不夸张。

典型违章本身就是一种不安全行为，就是潜在险情。这种潜在的险情一经与物或环境的不安全因素相结合，就会变成现实的事故。

典型违章行为还表现在忽视对机械设备的检查与维护上。为了确保安全，在安全工作规程中，均强调在作业前，认真检查机械设备，发现隐患应立即加以消除，否则，不能展开作业。然而，有的职工违反安全工作规程，不检查即去操纵机械设备，每每因为机械设备存在的缺陷或隐患而造成事故。可见，属于机械设备因素引起的事故，也与典型违章有着千丝万缕的联系，也就是说，这类事故也与典型违章成正比。

对作业环境存在的不安全因素，不能及时发现和排除也往往出自典型违章行为。

综上所述：典型违章与事故之间没有不可逾越的鸿沟。从总体来讲，典型违章必然会诱发事故。就某一次具体的行为来说，未引起事故后果，不过是侥幸而已。如果固守违反安全工作规程的行为方式而不知悔改，终归有一天会受到事故的惩罚。所以，把典型违章行为当做未遂事故来对待，来查处，不是没有道理的。典型违章确实与事故成正比，要把事故减下来，就必须铲除典型违章。

19. 哪些时机和场所易于生成典型违章？

据对一些事故案例的分析，职工导致典型违章除主观因素外，还有特定的时机、场合易于发生典型违章，因而企业各级领导应在以下一些时机、场合进行重点防范。

（1）企业安全管理松懈、制度松弛的时候。

（2）节假日前后，往往是事故高峰期。

（3）在时间紧、任务重、特别是工作量超出职工实际承受能力时。各级领导在布置工作任务时，必须既考虑需要又兼顾可能，决不能满打满算，更不能随意追加任务或缩短工期。在发现职工出现“抢任务而忽视安全”时就适时“降温”，并采取可靠措施防止典型违章作业。

（4）在作业环境艰苦之时。企业各级领导，应积极为职工创造良好的作业环境，合理安排工作量，做到劳逸结合。遇有恶劣气候，应按照安全工作规程的要求，暂时停止野外作业。

（5）即将下班或作业收尾阶段。在这种时候，各级领导特别是作业的负责人应勤提醒，多督促，使大家保持足够的警惕性。

（6）在进行评比竞赛之时。评比竞赛有助于调动职工的积极性，推动工作任务的完成。但是，如果指导思想不明确，单纯地追求成绩和得分，就会采取典型违章的做法。企业在组织各项评比竞赛时，必须把安全作为一项重要的评比竞赛条件。对出现典型违章行为的单位或个人，不论是否造成严重后果，都应给予扣分，甚至取消其参加评比的资格。

（7）在单独分散执行任务之时。单独执行作业任务，人员发生典型违章的频率要比集中执行作业任务的人员的频率高些。因此，对单独执行任务人员，在交代任务的同时，一定要交代安全事项，并指定责任心强的人担当监护人，以防止典型违章导致事故。

以上只是列举了容易发生典型违章行为的一般时机、场合，实际上发生典型违章行为，起主导作用的是职工自身。一个职工安全意识和自我保护能力强，对自己要求严格，即使处在易于导致典型违章的时机和场合也不会违章。

20. 职工个人怎样反典型违章？

反典型违章人人有责。作为电力行业的广大职工应积极响应上级的号召，不断增强安全生产的责任感和紧迫感，投身到反典型违章工作中来。

（1）要明确反典型违章工作的目的和意义，自觉地破除模糊认识，端正态度。反典型违章会使每个职工受益，每个职工也都应该把反典型违章当成自己分内的事来办。

（2）要重新学习本专业的安全工作规程。要借助开展反典型违章的有利时机，重温安全工作规程，掌握更多的安全防护知识。对安全工作规程和安全防护知识不懂，要努力弄懂弄通，并严格执行。

（3）要力戒在自己身上出现典型违章。凡是安全工作规程要求的，就一丝不苟地执行；凡是违背安全工作规程的，决不涉足一步。

（4）当别人制止自己的典型违章时，应虚心地接受。

（5）当发现典型违章行为的时候，应勇于制止或劝阻，使其消灭在萌芽状态。一般职工应有勇气劝阻个别领导的典型违章指挥行为；徒弟应勇于劝阻师傅、新工人应勇于劝阻老工人的典型违章作业。

（6）要善于从正反两方面典型事例中予以借鉴，来提高自己的防护能力。每个职工都应当成为有心人，善于从典型违章案例中吸取教训，不再发生类似现象；善于从先进事迹中受到启迪，查找差距，迎头赶上，为安全生产做出新贡献。

21. 为什么说领导者见到典型违章行为不立即制止，本身就是失职和严重违章？

在反典型违章工作中，很多单位明确规定：各级领导者发现典型违章行为不立即制止，视为失职和严重的管理违章，处罚领导者。普通工作人员都有制止违章的权力，作为企业各级安全生产管理者更应该履行好监督和制止典型违章的责任。各级领导者如果发现典型违章行为不立即制止，就等于管理违章，就是失职，理所当然地应当受到处罚。

领导者发现典型违章行为不制止，以严重管理违章论处，坚决予以处罚。这有利于增强领导者抓好安全生产的事业心和责任感，事实上是支持他们抓好反典型违章工作，同时还体现了安全工作规程面前人人平等，没有“特殊公民”的原则。

22. 为什么说反典型违章工作人人有责?

（1）能否防止典型违章，消除诱发事故的温床，关系到整个企业的安全生产，也关系到每个职工的切身利益，每个职工都应明白“一损俱损，一荣俱荣”这个道理，以主人翁的姿态和积极参加反典型违章的实际行动，来维护企业安全生产的大局。

（2）广大职工是反典型违章的主体，只有动员和依靠广大职工，才能实现安全生产。安全生产说到底，是广大职工自己的事，也只有依靠广大职工形成整体的合力，才能开展好反典型违章这项工作。所以，每个职工都应把反典型违章当成自己的大事来办。

（3）反典型违章是每个职工义不容辞的责任。对各类典型违章行为，每个职工都有权监督，有权制止。见典型违章行为不劝说，不制止，本身就是一种严重的典型违章做法，也在克服之列。正是从这个意义上说，反典型违章没有“旁观者”和“局外人”。

23. 形成互相监护的局面需要做哪些工作?

首先，要加强教育，引导职工明确反典型违章，人人有责。其次，各级领导要真正维护职工的监护权，特别当领导的典型管理违章受到职工抵制、老工人的典型违章行为受到新工人的纠正、师傅的典型违章做法受到徒弟的劝阻时，更应该闻者足戒，知错必改。再次，要宣扬严于监护的先进典型，扶植正气。对拒绝监护，并实施打击报复的人，应加重处罚。

24. 怎样做好典型违章职工的思想政治工作?

做好思想政治工作，是实现安全生产的重要保证。在开展反典型违章工作中，要做好典型违章职工的思想政治工作，帮助他们增强安全观念和遵章守规的自觉性。

（1）要加强调查研究，弄清典型违章的表现及其思想症结。要做好典型违章职工的思想政治工作，首先应搞好调查研究，弄清典型违章行为的来龙去脉，包括具体表现、原因及其后果。在弄清事实和原因的基础上，应区分不同情况，用不同的方法解决不同性质的问题。弄清职工的思想症结，是做好思想政治工作的前提，否则，就没有针对性，甚至可能引起负面效应。

（2）动之以情，晓之以理，心平气和，以理服人。对一时想不通的职工，应反复做工作，切莫急于求成，简单粗暴。

（3）要调动方方面面的力量，共同做好思想政治工作。思想政治工作就是群众工作，只有把各方面的力量都调动起来，才能做好思想政治工作。

（4）要为职工改正违章行为创造良好的环境，引导因典型违章受了处罚的职工放下思想包袱，轻装前进，使之成为遵章守规的好职工，这是思想政治工作的一项重要任务。除了谈心帮助职工克服各种不良情绪外，还应坚持以表扬为主，调动积极因素。

25. 为什么说反典型违章是一项长期的工作任务?

（1）纠正几起典型违章现象比较容易，但要改变人们长期形成的不良习惯行为方式，纠正忽视安全的思想，并不是轻而易举的，必须经过长期的艰苦的努力才能实现。

（2）职工的思想情绪等心理因素，并不是一成不变的。只有随时随地观察职工的思想情绪变化，及时做好工作，才能起到超前预防的积极作用。

（3）随着电力工业的持续发展和机械设备的日益现代化，工艺流程和操作方式也必然逐渐更新。这样，职工在学习和掌握新的操作方式过程中，就有一个不断排除旧的技能干扰的问题，也就是说，因循守旧的违章行为随时都有可能出现。因此，必须始终抓好反典型违章工作。

（4）把高新科技引入安全管理，利用安全设施，设备作屏障，有助于预防因典型违章而引发的事故。因此，抓好对人的安全管理，预防典型违章，也不是一朝一夕的事。即使安全设施比较完善了，也需要增强职工的安全意识，才能利用和维护好这些设施、设备。

（5）工作任务是在不断变换的。在不同的工作任务中典型违章的表现也不尽相同。在新的工作任务中，已经纠正过的典型违章行为，还有可能以另一种表现形式出现。这也告诉我们，反典型违章不能只抓一阵子，必须常抓不懈。

另外，职工队伍也在不断变化，每年都有老职工退休，新职工补入。职工队伍的新老交替也要求反典型违章工作不能一劳永逸。

26. 对于反典型违章，怎样做到长期任务长期抓？

从一些单位的经验来看，一是各级领导必须认清反典型违章的重要性和长期性，真正树立长期作战的思想。二是要把反典型违章与贯彻落实安全规章制度结合起来，用规章制度来保证。比如，在班前、班后会，安全活动日以及单位安全例会，都应该把反典型违章工作作为其中的一项重要内容。三是要把反典型违章与抓生产（施工）任务相结合，使之具体化，经常化。比如，在制订生产或施工计划时，应制订杜绝事故、预防典型违章的计划和措施，在计划、布置、检查、总结、考核生产（施工）任务时，一并计划、布置、检查、总结、考核反典型违章工作。这样，就能使反典型违章工作深入持久地开展下去，并不断取得成效。

27. 如何从源头上遏止典型违章行为？

要遏止典型违章行为发生的源头，一方面，要找准引起典型违章行为的动因；另一方面，要有针对性地制定防范措施，并落到实处。加强教育，提高安全生产意识，清除引发典型违章的思想。人们的行为是受思想支配的，遵章守法行为是如此，违章行为也是如此。那么，就需要结合工作和思想实际，找准忽视安全、容易引发典型违章行为的麻痹心理。预防典型违章行为的发生，事先使大家认清在作业中有可能发生哪些典型违章行为，遵守哪些规章才能加以避免，作业中就能大量减少、甚至完全可以杜绝典型违章行为的发生。目前，各班组在作业前都能分析预测有可能存在的危险点、危险源，并制订措施加以预控。这里所说的分析预控危险点、危险源，其中一项重要内容就是分析预测人员有可能发生的典型违章行为有哪些；所说的制订措施加以预控，就是指制订和预控人员典型违章行为的发生。这样做，不但使工作负责人和监护人进一步明确了安全生产工作的重点和任务，而且也给其他作业人员一种警示：不要发生事先知道的、也不要发生事先不知道的典型违章行为。

抓住典型违章行为发生前的迹象和端倪，予以制止，使之灭绝于萌发之时。

28. 怎样培养职工养成遵章守规的良好习惯?

从遵章守规习惯形成的心理过程来看，大体上可经历四个阶段。第一阶段，职工已有的认识与安全规定要求之间的矛盾得到解决，即经过安全教育，灌输安全知识，破除职工头脑中存在的忽视安全的思想，深刻认识遵守安全规定的重要性和紧迫性，产生遵章守规的良好愿望。第二阶段，职工产生的良好愿望与实际行动相脱节的矛盾得到解决。第三阶段，新的良好愿望与旧的习惯之间的矛盾得到解决。要养成遵章守规的良好习惯，必须克服违反安全规定的各种不良习惯。克服这种不良习惯又非一日之功，需要花费很大的气力。所以，必须坚持不懈地抓好安全教育管理工作。第四阶段，职工初步的自觉遵章守规与客观更高的安全要求之间的矛盾得到解决。要养成遵章守规的良好习惯，必须全面提高防护能力。并且，随着时间的推移和客观事物的发展变化，职工已经确立的安全知识也会淡化，已掌握的安全知识也会淡忘，再加上机械设备日趋现代化和施工工艺的不断改进等，安全要求也越来越高，因此安全教育需要不断地更新和加强。

遵章守规的良好习惯重在养成，贵在坚持。只有坚持教养一致，过细地做工作，才能促使职工尽快养成遵章守规的良好习惯。

29. 为什么必须把基层班组作为反典型违章工作的重点?

企业必须把反典型违章工作的重点放在基层班组，这是由安全生产的根本目的，班组在安全生产中的地位和作用以及班组安全建设的现状来决定的。

（1）从安全生产的根本目的来看，它是为了保护职工的生命安全和身体健康，保护国家和集体财产的安全，保证生产劳动得以顺利的进行。

（2）从班组在安全生产中所处的地位和作用上看，也要求企业把反典型违章工作的重点放在基层班组。班组是安全生产的最基本单位，也是反典型违章、消灭事故的前沿阵地。

（3）从当前基层班组的实际状况看，班组反典型违章工作，仍然是十分薄弱的环节。要改变这种状况，企业领导应进一步提高对抓好班组反典型违章工作重要性和紧迫性的认识，切实把基层班组反典型违章工作列入议事日程，经常分析形势，找出薄弱环节，制订相应措施。要转变工作作风，深入基层班组，调查研究，帮助他们解决实际问题，实行面对面的领导。在当前，尤其应该注意抓好班组长队伍的建设，通过短期培训、以会代训和传帮带等途径，来提高班组长对反典型违章工作的组织领导能力。同时，要引导基层班组不等不靠，积极主动地抓好反典型违章工作，为实现企业安全生产做出应有的贡献。

30. 为什么说反典型违章工作“关键在领导”？

电力企业的领导，既是电力生产（建设）的组织者和指挥者，又是电力安全生产的责任者。具体来说：

（1）各级领导者的决心和态度如何，关系到反典型违章工作能否开展起来。

（2）各级领导采取的政策措施是否得力，关系到反典型违章工作能否健康发展。

（3）各级领导者的模范带头作用怎样，关系到反典型违章工作能否取得成效。

（4）各级领导者能否持之以恒地抓下去，关系到反典型违章工作的成果能否巩固。

安全生产的实际效果是检验反典型违章工作的根本标准。因此，各级领导要认清自己在反典型违章工作中的责任，不能只是开会布置，应在抓落实上下功夫，让“关键人物”真正起到“关键作用”。

31. 为什么说反典型违章必须坚持“预防为主”？

重在预防，就是把抓好预先防范，作为反典型违章工作的重点：

（1）重在预防，体现了安全生产的方针，遵循了安全工作的客观规律。“安全第一，预防为主，综合治理”，是党和国家的安全生产方针，它揭示了安全生产的客观规律，是我们开展安全工作必须坚持的准则。反典型违章工作也不例外。

（2）重在预防，才能把事故损失减少到最低限度。

（3）重在预防，是对职工生命与安全的极端负责的表现，也体现了对违章责任者的最大爱护。

32. 预防典型违章应该抓好哪些工作？

（1）要提高思想认识，真正把反典型违章工作的重点放在抓预防上。

（2）要多做打基础的工作，进行超前预防。

（3）要善于抓苗头，见微知著，把典型违章消灭在萌芽状态。

（4）要举一反三抓好整改工作。对因典型违章而造成的事故，应加强调查分析工作，真正弄清原因、性质和应吸取的教训，认真地进行整改，以预防此类事故或其他事故的重复发生。

（5）善于抓好全面管理，把预防工作做到每一个人身上、每一个作业环节上，并贯穿于作业任务的全过程。特别要做好重点人和薄弱环节的工作。

（6）摸索规律，掌握预防的主动权。典型违章有一定的必然性，预防典型违章也有规律可循。领导者应不断地总结经验，逐渐地认识和把握这些规律，及时开展好典型违章的预防工作。

33. 为什么说采取经济管理手段有助于预防典型违章？

经济手段的运用，适应了市场经济条件下人们注重物质利益的心态，对人们有着很强的约束力和推动力，有助于预防典型违章行为的发生。

经济上的奖励或处罚，能够在职工群众中形成一种有形的动力或压力，让其自觉地遵守规章而避免典型违章。利用经济手段进行管理，不仅要在职工群众中，而且要在管理人员中推行。不论是典型违章作业、违章指挥或是违章管理，都应给予相应的经济处罚。

实行经济手段管理，也应与实行其他管理手段相结合，做好深入细致的思想工作，使被处罚者心服口服，被奖励者精神振奋。

34. 为什么必须坚持标准化作业与反典型违章相结合？

所谓标准化作业，就是在安全工作规程指导下的规范作业。标准化作业从准备到实施的每一个具体步骤和操作方式都纳入规范化的轨道，按程序作业，规范化作业，大大地减少了随意作业的机会和条件，是防止典型违章的可靠保证。

（1）掌握作业工器具的规范化操作方法，可以预防典型违章。

（2）遵循标准化程序作业，可以防止由于典型违章而引发的事故。

（3）实行安全设施标准化，可以预防因违章而诱发的事故。

（4）事先把标准化作业和防止事故的程序及要求告诉职工，既可起到警示或忠告的作用，又可为加强监护提供依据。这一点，对那些缺乏安全工作经验，防护意识和防护能力不强的职工来说，尤其必要。

35. 为什么说推行无违章承诺有助于预防典型违章?

无违章承诺，是以倡导诚实守信美德为推动力，要求职工群众应答照办，并予以监督落实，避免发生典型违章行为的一种制度。

推行无违章承诺，让其当着大家的面许诺“严格遵守安全生产规章，决不发生典型违章行为”，这本身便具有很强的自我约束作用，所以，即使是从维护良好德行来考虑，也必须将承诺的不违章落到实处。

不论是企业领导，或是职工，在大庭广众面前作出无典型违章的承诺，将决心公开亮相，便于把自身置于群众或同行的监督之下。

推行无违章承诺，并不是单纯地作出“无违章”的承诺即了事，所作出的承诺必须具有充实的具体内容，交给大家，看得见，摸得着，便于制约监督。

36. 为什么必须坚持安全风险抵押与反典型违章相结合?

为了减少和杜绝各类违章，铲除事故的诱因，有些电力企业实行了安全风险抵押金制度，即在职工收入中扣除一部分，作为安全风险抵押金。如果职工遵章守规，在规定期限内安全无事故，不但如数返还，并且加倍奖励。如果发生典型违章行为，则根据危害程度，不但收缴抵押金，情节严重的，还要给予行政处分。实行安全风险抵押以后，典型违章现象确实大大减少。企业领导称这种做法是一种“自我约束，自我激励”的机制。

据对十几家电力企业调查，实行安全风险抵押，大有益处。当前，随着改革的深化和观念的更新，电力行业职工也如同其他企业的职工一样，都十分关注自己的切身利益。他们在为发展电力工业出力的同时，也期望自己劳动的价值被社会承认，期望多做工作，增加收入，来改善个人和家庭的物质文化生活。因此，实行安全风险抵押，正适应了职工关注切身利益这个心理。这样，就能促使职工以极大的兴趣关心安全生产，以严格要求、遵章守规的实际行动来争取领回安全风险抵押金或者争取更多的物质奖励。

实行安全风险抵押制度促进了安全技术知识的学习。

实行安全风险抵押，使职工的责任心增强了，互相监护的风气也浓厚了。

总之，实行安全风险抵押制度是控制典型违章行为的一个有效手段，企业应该坚持这一做法，同时，应加强安全教育，做好受处罚职工的思想工作，化消极因素为积极因素。

37. 为什么反典型违章必须坚持重奖重罚？应注意哪些方面？

电力企业在反典型违章工作中要求：必须实行重奖重罚的原则。对典型违章必须坚持重奖重罚的重要性和紧迫性，可从以下几方面来理解：

（1）坚持重奖重罚，表明了电力企业彻底治理典型违章的决心和态度。

（2）实行重奖重罚，是坚持安全从严治理的具体体现，是根治典型违章的重要举措。

（3）实行重奖重罚体现了奖优罚劣，人人平等，有利于调动各级各类人员反典型违章的积极性。

在反典型违章中，坚持重奖重罚，应注意以下几点：① 要加强思想教育，使各级领导和职工群众都明确实行重奖重罚的目的和意义。② 要原原本本地宣讲重奖重罚的原则规定，使之家喻户晓，人人皆知。③ 要坚持秉公办事，奖其当奖，罚其当罚。④ 要做好重奖重罚中的思想政治工作。

38. 为什么必须坚持创一流企业与反典型违章相结合？

如同其他工作一样，安全管理工作也必须实行一定的约束机制。电力生产企业开展的创一流企业活动，实质上就是约束机制在安全管理工作上的具体体现。它对于贯彻执行相关电力安全规程，预防和查处各类典型违章行为，具有很大的促进作用。

（1）从开展创一流企业活动的内容上看，已把反典型违章作为其中的条件。也就是说，有无典型违章行为及所造成的不良后果，直接关系到企业能否成为一流企业。

（2）从开展创一流企业活动的目标来看，无典型违章已作为企业安全管理的目标明确地提出来，并分解到工区班组及每个职工。这样，就能够把各级、各类人员的积极性调动起来，为“杜绝典型违章”这个目标的实现增砖添瓦，决不能因为自己的违章行为而妨碍群体的目标实现。

（3）从创一流企业活动的激励机制上看，有奖有罚，直接涉及单位和职工切身利益，因而形成了人人反典型违章的氛围。

（4）从创一流企业活动的组织领导来看，逐级考核评比，有助于查处典型违章行为。

总之，开展创一流企业活动，确是预防和查处典型违章的一个好办法。没有达标或成为一流的企业，应尽快实现达标或一流目标，已经实现的企业，应再进一步，以取得更大的成效。

39. 为什么说坚持综合治理是预防典型违章的重要措施？

安全工作是一项综合性的工作，关涉到方方面面，与每个人息息相关。它是关系到个人安全、家庭幸福、企业兴盛、国家安定的大事，因而，预防事故，开展反典型违章工作必须实行综合治理。

（1）企业行政领导应针对本单位的实际情况，揭摆并剖析各类典型违章的表现，制订反典型违章实施细则，采取有力措施，发动群众，人人参加反典型违章工作。

（2）企业党委应充分发挥其监督保证作用，关心安全生产工作，组织开展党员身边无违章活动，以党员的模范作用带动职工群众，使反典型违章工作开展得生动、扎实。

（3）工会组织应积极协助行政开展好反典型违章工作，诸如通过组织职工开展安全竞赛，参与安全检查，从保护职工的生命安全和身体健康的角度出发，使反典型违章工作成为一项群众性活动并取得实效。

（4）企业共青团组织应把安全工作纳入团组织的活动中去，在开展反典型违章工作中，采用多种形式组织青年职工学规程、反违章。如设立青年安全监督岗就是一种好形式。

让青年工人监督别人不发生典型违章，保证自身遵章，就能大大减少典型违章现象。

（5）企业各有关部门，如生产（施工）技术部门和保卫、机械、物资供应等部门也应在各自的安全职责范围内，防止并纠正典型违章行为。在预防事故、反典型违章工作中，谁抓都不越位，怎么从严要求都不过分。只有人人参与，才能形成综合治理的氛围。

此外，在开展反典型违章工作中，各单位应注意占领家庭这个重要阵地。事实证明，许多典型违章行为，不仅在工作时间反复发生，在八小时之外也每每存在。

总之，通过多方面的工作，使典型违章行为在任何时候都不能躲过监护人员的眼睛，进而达到预防事故、确保安全生产的目的。

40. 为什么必须坚持安全检查与反典型违章相结合?

实践证明，坚持安全检查制度，是预防和纠正典型违章的一项基本措施。那些安全观念不强，缺乏执行安全工作规程自觉性的职工，最容易发生典型违章行为。坚持安全检查制度，就可以把他们置于监督和管理之下，使他们产生一定的外在压力来约束自己的行为。坚持安全检查制度，还可以及时了解和掌握下级的安全工作情况，对一些易发的典型违章行为进行超前预防，及时制订和颁布有关的防范措施。坚持安全检查制度，也是各项安全工作规程的基本内容和要求，因此，各单位必须重视建立和健全各项安全检查制度。并持之以恒地坚持下去。

41. 安全检查制度可以通过哪些有效形式来贯彻执行?

（1）上级向下级直至生产（施工）一线派安全检查组。

在出发前，应制订安全检查重点内容和实施方法，以防走马观花。

（2）班组长和工地负责人，身处安全管理第一线，应严格按照安全工作规程的有关要求，切实履行好检查指导的责任，把好安全检查的第一道关口。

（3）要造成一种群众性安全检查的局面。

（4）要鼓励职工之间的相互检查和自查。

42. 为什么必须坚持安全竞赛与反典型违章工作相结合？

各种形式的安全竞赛活动，是把竞争机制引入安全管理的具体体现，它对于增强职工遵章守规观念，防止典型违章具有重要作用。这是因为：

（1）安全竞赛活动目标明确，条件具体，措施得力，为职工预防典型违章指明了方向和目标。

（2）安全竞赛活动能够激发荣誉感，促使职工为维护集体和个人荣誉而自觉地遵章守规。

（3）安全竞赛活动与物质利益直接挂钩，最容易把职工预防典型违章的积极性调动起来。

43. 如何有效开展安全竞赛？

（1）在研究和制订评比条件时，一定要把反典型违章作为其中的重要一项，要明确提出，在竞赛期间，发生典型违章行为，单位不得评为优胜单位，个人不得评为先进个人。

（2）要深入进行思想动员，讲清开展安全竞赛活动的目的和意义，切实使每个职工都参加到竞赛活动中来，并树立争先创优的思想。

（3）要严密组织，公平竞赛，防止出现报喜不报忧、弄虚作假等不良倾向。各单位抓安全竞赛活动，一定要善始善终，把奖励落到实处。

44. 为什么说预防典型违章要依靠科技进步？

电力事业要获得可持续发展，必须依靠科学技术的进步。预防因典型违章而诱发的事故，既应解决好典型违章者这个主导因素，又应注意解决好操作对象、作业环境这些客观因素。而要改善作业对象和作业环境，就必须把高新科技引入安全管理。

（1）引入高新科技，改变机械设备存在的缺陷，有利于消除其不安全的潜在因素。

（2）引入高新科技，促进安全防护设施现代化和标准化，有利于营造安全文明的作业环境。

（3）引进高新科技，可以对典型违章行为进行监视和防范。

（4）引进高新科技，可使个人防护用具更加安全可靠。

由此可见，把高新科技用于安全管理，是大势所趋，又是预防因典型违章而诱发事故的根本出路所在，企业领导对此应引起足够的重视，要坚持两手抓，一手抓对人的安全管理和安全教育，一手抓对作业对象和作业环境的改善。要对本企业的设备状况心中有数，从技术上制订出改进不安全因素的对策。要舍得投资、开发、推广先进的安全工器具和防护设施，创造安全文明的作业环境。

45. 为什么说推行班组安全联保制度，有利于纠正和防止各类典型违章行为？如何为安全联保活动创造有利条件？

一些企业建立了班组安全联保制度，即：以班组为单位签订安全联保合同，要求“班组保一人，一人保班组”，班组成员之间互相监督、互相提示、互相保护，一人违章全班组受罚，没有违章全班组受奖。实践证明，班组安全联保制度的建立，使各类典型违章现象得到有力地遏制。

安全联保制度，实际上是班组对上级、个人对班组的一种承诺，是保证实现班组无违章。

实行班组安全联保制度，能够形成一种群众性的监督局面。

实行班组联保制度，能够增强班组集体荣誉感。

从一些班组的实践经验看，把遏制各类典型违章作为安全联保的重要内容，关键是要采取措施，为安全联保活动创造有利条件。

首先，应明确班组集体和每个担保人的具体责任。安全联保互动有两个方面：一方面，要求被担保人要增强安全意识，真正用安全规程来规范自己的行为，让典型违章与自己无缘。另一方面，作为联保集体的负责人和担保人，应负起安全联保责任，采取有效办法约束其成员遵章守规，维护集体的荣誉和利益。其次，要建立严格的奖惩制度。总之，只要措施有力，推行班组安全联保责任制，就能最大限度地减少典型违章现象的发生。

46. 为什么纠正与预防典型违章必须坚持“小题大做”？

（1）典型违章本身不是小事，而是关系到安全生产的大事，必须切实加以纠正。

（2）典型违章既然是痼疾，就必须严厉制止。

（3）对典型违章能不能真抓实管，也是衡量领导者是否真心实意抓安全生产的一个标志。

47. 为什么必须坚持安全监护制与预防典型违章相结合？

实行安全监护制，是发动群众施行监督机制的有效方式，也是预防典型违章的必要条件。所谓安全监护制，是指两人或多人作业，指定专人监护，每次作业的负责人，也是安全工作的监护人。安全监护制在反典型违章中的作用，可以归纳为以下几个方面：

（1）实行安全监护制，可以提醒职工作好安全生产的思想准备。

（2）实行安全监护制，可以帮助职工了解危险部位和作业方法。

（3）实行安全监护制能够将违章行为消除在发生之前。由于监护得力，消除违章而预防事故的典型事例，在电力行业不胜枚举。

（4）实行安全监护制，还可以动员职工监督和劝阻违章指挥。

既然安全监护制如此重要，就应重视建立健全这项制度，并持之以恒地严格执行下去。要加强贯彻执行安全监护制的目的和意义的教育，使每个职工都明确，安全生产，人人有责，加强监护，不伤害自己，不伤害别人，不被他人伤害，是自己义不容辞的责任。同时，要教育监护人增强事业心和责任感，切实起到监护的作用，要像爱护自己的生命一样，去关心爱护他人的安全与健康，对待典型违章行为，要像自己的眼里容不得半点沙粒那样，必欲清除而后安。

48. 为什么说抓好安全教育是反典型违章工作的中心环节？

反违章，需要强有力的安全教育，使人们增强自觉性，如果忽视抓好安全教育，反典型违章工作也难以抓好。

违章是劳动者的一种不良行为，这种不安全行为又受其不安全思想所支配。因此，只有抓好安全教育，解决职工的思想问题，使之树立牢固的安全第一观念，才能铲除违章的思想根源。

对因典型违章受到处罚的职工，更应该加强安全教育，帮助他们明确为什么受到处罚，怎能才能改正毛病、成为一个遵章守规的好职工。

加强安全教育，能够直到超前预防的作用。

加强安全教育，还能起到动员和激励的作用。

要正确处理抓管理与抓教育的关系，使两者紧密结合，互相促进。要结合本单位的工作实际，组织职工对安全工作规程进行再学习，再教育，使职工知其然，又知其所以然，并应制订出具体的实施细则。要采取解剖事故案例或让违章者现身说法等形式，进行生动形象的安全教育，变少数人的教训为大家共同的教训。还应注意抓好个别教育，有针对性地解决职工存在的不同问题，做到因人施教。总之，应把安全教育搞得生动活泼，卓有成效，以保证反典型违章工作的健康发展。

49. 为什么说防止典型违章与纠正典型违章都不能忽视？应如何齐头并进地抓好？

预防事故的发生，就必须预防典型违章的发生，同时，也必须尽快地纠正发生的典型违章。纠正发生的典型违章也是预防典型违章演变为事故的必要途径。这就要求我们，“实现零违章”必须同时抓好防止典型违章和纠正典型违章这两项工作。

在作业前，进行危险点分析和预测，并制订相应的防范措施，既有助于预防典型违章的发生，也有助于纠正发生的典型违章。

作业前宣读工作票，进行安全交底，能起到防止典型违章行为发生和纠正发生典型违章行为的双重作用。要落实安全监护制，及时纠正典型违章行为，首先要求安全监护人增强事业心和责任感，主动发挥聪明才智，做好监护工作。其次，安全监护人应具有实行安全监护的能力。在作业中，安全监护人应把自己的注意力全神贯注到被监护人身上。要始终注意被监护人的动作要领是否符合作业规范的要求，如发现存在疏忽和遗漏之处应尽快加以提醒，对违反安全工作规程的动作应尽早加以制止，对安全注意事项应反复叮嘱，始终监护。

每个人员也都有权利和责任去纠正他人发生的典型违章行为。企业安全生产监督管理人员、工作负责人及作业人员对发现的典型违章行为漠然处之，不劝止，不纠正，任其发展蔓延，也是一种严重的典型违章行为，如果有所觉察而不去纠正的典型违章行为进而导致事故，也会与事故的直接责任者一样受到追究和处罚。

对典型违章现象必须发生一起纠正一起，处罚一起，让发生典型违章行为的本人和他人都受到教育，吸取教训，不再重犯类似错误。尽管一些典型违章行为并未引起事故后果，但也不能心慈手软，轻易放过，应实行重罚。要重罚得人人对典型违章行为生畏，严于律己，不擅自行事，不发生典型违章行为。同时，对遵章和纠正他人典型违章行为的人员，视同有功而给予重奖。要重奖得让人怦然心动，心往“创零违章”上想，劲往“零违章”上使，把典型违章行为干净、彻底地消灭掉。

50. 为什么要深刻认识反典型违章工作的重要意义?

近年来，电力企业全面贯彻落实科学发展观，坚持“安全第一、预防为主、综合治理”方针，加强“全面、全员、全过程、全方位”安全管理，深入开展隐患排查治理专项行动，加强安全生产应急机制建设，推动了安全管理的理论和实践创新。在改革与发展任务十分艰巨，各种不利因素增多的情况下，保持了安全生产持续稳定，各类事故逐年大幅度降低，巩固和发展了安全生产的良好局面。

但是应该清醒地看到，安全管理还存在薄弱环节，一些企业安全基础不牢固，各类事故特别是违章导致的人身伤亡事故和人员责任事故时有发生，给企业安全生产和职工家庭幸福带来重大损失，给企业安全生产带来严重影响。事故表明：典型违章仍是导致各类事故的主要原因，仍是影响安全生产的突出问题。因此，必须深刻认识深入开展反典型违章工作，是贯彻落实上级决策部署的重要举措，是解决企业安全生产突出问题的现实需要，是夯实安全生产基础的必然要求，每一个电力职工都要提高认识，严肃认真，扎扎实实地开展好反典型违章工作。

51. 如何认识反典型违章工作的指导思想、工作思路和总体目标？

为加强反违章工作的统一部署和规范管理，理清思路，明确目标，加强指导，确保取得实实在在的效果，必须明确反违章工作的指导思想、工作思路和总体目标。

指导思想：贯彻落实上级决策部署，深刻领会安全生产反违章工作的重要性，认真总结安全生产工作的经验教训，坚持以人为本，严格落实责任，严格执行规程，切实规范行为，从根本上消除各类典型违章和事故隐患，着力解决管理不到位、责任不落实等深层次问题，杜绝责任事故，保障安全局面。

工作思路：发挥安全保证体系和安全监督体系的共同作用，建立反违章活动组织体系，加强领导，落实责任，集中整治各类典型违章行为，以点带面，强化安全教育和技能培训，加强现场安全管理和监督检查，规范各级人员行为，建立健全反违章的长效工作机制，切实保障人身、电网和设备安全。

总体目标：对违章的危害性认识更加深刻，安全教育培训有效加强，安全意识显著提高，规章制度体系进一步完善，安全规程规定执行力明显提高，违章深层次问题得到有效解决，各种典型违章现象进一步大幅下降；不发生因典型违章导致的人身伤亡事故、恶性误操作事故等人员责任事故，全面实现安全生产工作目标。

52. 如何准确把握反典型违章工作的基本原则？

在开展安全生产反违章工作中，必须注意把握以下基本原则：

（1）坚持领导带头、全员参与。反违章活动要取得实效，关键在领导。各级领导要高度重视，从自身做起，带头履行责任，带头执行规程。要广泛动员，充分调动每位员工的积极性和主动性，人人参与反典型违章工作。

（2）坚持全面系统、突出重点。以反违章为重点，系统分析和查找每项工作、每个岗位、每个环节的各类违章现象，特别要重视和解决关键时段、关键人员、关键环节的典型违章问题。

（3）坚持统筹协调、促进工作。要将反违章工作与国家“安全生产年”、全国安全生产月活动以及反事故斗争、“百问百查”、隐患排查治理、安全风险管理等各项工作密切结合，协调促进各项工作的落实。

（4）坚持培训教育、正确引导。要强化安全事故警示教育，开展安全规程和风险辨识培训，增强员工遵章守规意识，提高规章制度执行力；要建立完善激励机制，加大正面引导力度，鼓励员工自查自纠，自觉反违章、不发生违章行为。

（5）坚持严格要求、从严处罚。反违章是对职工最大的关爱。要以“铁的制度、铁的面孔、铁的处理”，反“违章指挥、违章作业、违反劳动纪律”。对于典型违章现象，无论是否造成后果，都要及时纠正，严肃处理，决不姑息迁就。

（6）坚持常抓不懈、健全机制。反违章是一项长期艰巨的工作，要持之以恒，坚持不懈。要从组织管理、技术措施、教育激励、监督考核等多方面，健全反违章工作机制，使员工逐步养成良好习惯，培育建设企业安全文化。

53. 如何切实抓好反典型违章工作的重点措施？

为扎实有效推进反典型违章工作深入开展，必须切实强化以下重点措施：

（1）开展安全事故回头看活动。对本单位近年来安全事故和典型违章现象进行分析检查，重点检查防范整改措施是否落实，事故责任人是否受到教育，违章原因特别是深层次的管理原因是否清楚，同类违章在同一单位、同一车间和同一班组是否同样存在或发生，事故发生后相关管理制度是否健全。

（2）强化安全警示教育。提倡各级行政正职每年至少讲一堂安全课，分析本单位典型违章现象和问题。组织开展安全警示教育，结合违章现象及身边违章事故案例，以画册、手册、板报等各种形式，分析违章危害，深刻吸取教训，教育员工养成遵章守纪的习惯。充分利用各种媒体，对典型违章现象进行曝光，形成强大的舆论监督压力。

（3）做好“安规”宣贯培训。大力开展“安规”培训宣贯，分层次、分专业开展“安规”调考，帮助员工准确理解、全面掌握、正确执行“安规”。对照各类典型违章现象，学习安全工作规程规定相关条款，提高各级人员辨识典型违章、纠正典型违章和防止典型违章的能力。

（4）梳理安全制度体系。对各个层面安全规章制度和技术标准进行一次系统梳理，清除无效、归并重复的规章制度，根据生产实践发展、生产技术进步、管理方式变化、反事故措施等，及时修订发布规章制度。围绕反违章的组织管理、督导检查、分析评估、教育培训、奖励惩罚等环节，建立相应的制度，保证反违章工作有规可依、有章可循。

（5）加强现场违章查纠。认真总结反违章的成效与经验，采取违章记分、连带处罚等行之有效措施，建立健全现场违章查纠管理制度。发挥安全监督体系和专职（兼职）督查队伍作用，开展多种形式的反典型违章检查、稽查，严肃查纠现场违章现象，强化“两票三制”，规范人员行为，落实安全措施，确保作业现场工作安全。

（6）加强问题隐患整改。全面清理在安全隐患排查治理专项行动、安全生产“百问百查”等活动中排查出的隐患，分析隐患原因，检查治理情况，对因管理职责不到位、整改责任不明确、整改措施不落实，可能导致人身伤害事故或影响生产和设备安全运行的问题隐患，要采取挂牌督办、逐级督导、专人跟踪等形式，集中资源限期整改。

54. 如何扎实推进反违章的各阶段工作?

违章是指在电力生产活动过程中，违反国家和行业安全生产法律法规、规程标准，违反安全生产规章制度、反事故措施、安全管理要求等，可能对人身、电网和设备构成危害并诱发事故的人的不安全行为、物的不安全状态和环境的不安全因素。

反典型违章工作一般分为三个阶段，各阶段时间划分及重点工作内容为：

第一阶段：动员部署。制订反违章活动工作方案及违章表现，明确活动的指导思想、基本原则、工作思路、重点措施及工作要求；按照统一部署，结合本单位实际，制订具体的实施方案，广泛动员，大力宣传，做到人人皆知，主动参与，形成声势。

第二阶段：推进实施。结合安全生产具体工作，认真研究不同时段违章特点，采取针对性措施，防范典型违章、查处典型违章、治理典型违章。要加大反违章活动的督导，开展专项检查，组织经验交流，推广典型做法，全面落实深入开展反违章活动各项部署，确保完成反典型违章活动工作目标。

第三阶段：总结提高。结合全年安全生产工作，做好反违章工作总结，全面分析和评估反违章工作成效。开展反违章工作交流研讨，总结经验，查找不足，研究深化反违章工作成效的措施，制订反典型违章工作管理制度，建立反违章的常态工作机制。

55. 如何严格落实反违章的工作要求?

开展反违章工作是安全生产的一项重点工作，必须高度重视，周密部署，严肃认真，保证实效。

(1) 加强组织领导。要将反违章工作纳入年度重点工作，主要负责领导要亲自过问、亲自部署、亲自检查。成立反违章工作组织机构，加强组织领导和工作实施。

(2) 加强责任落实。遵章守规是全体员工的基本义务，反违章是党政工团的共同职责。要根据反违章工作的目标要求，将反违章责任从上到下层层落实到每个单位、部门、车间、班组和员工，努力营造齐抓共管、共保安全的反违章工作氛围，确保反典型违章工作顺利实施。

(3) 加强舆论宣传。结合实际开展安全生产宣传教育行动，采取多种形式，大力宣传开展反违章工作的部署、要求、做法、经验与成效，组织开展杜绝典型违章签名、承诺等活动，宣传遵章守规的先进典型，努力营造反典型违章工作的良好氛围。

(4) 加强过程管控。实施目标管理，强化过程管控，注重工作效果，鼓励自查自纠，提倡联责考核。逐级开展反违章工作专项监督检查，从责任落实、工作进展、效果评价等方面，对全过程进行督导。各级领导干部可结合分工建立联系点，加强工作过程控制，防止走过场。

(5) 严肃事故处理。严格执行安全事故和突发事件信息报告规定，按照“四不放过”原则，对反违章工作期间发生的人身伤亡事故、恶性误操作事故等责任事故，视情况召开事故现场会，严肃事故调查和责任追究。

典型违章案例分析

1. 工作场所不能保持整洁

【举例】 在工作现场随意堆放工器具和物料，每天工作结束前，不进行工器具和物料的清整与摆放，不打扫工作场所即下班。

【纠正方法】 应向班组职工讲清楚：良好的作业环境是保证安全生产的重要条件，工作现场的工器具和物料摆放无序、地面不整洁，不仅会给正常工作造成不便，而且还可能伤害作业人员。应依据安全规程要求，督促并教育职工养成保持作业现场整洁、文明施工的良好习惯。

2. 随意在楼板或建筑物结构上打孔

【举例】 有的作业人员为图方便，未经生产技术部门批准，随意在楼板或建筑物结构上打孔。

【纠正方法】 应讲清楚：楼板或建筑物结构必须保持完整和稳固，才能起到支撑的作用。随意在楼板或建筑物结构上打孔既不美观，又会妨碍其稳固性。对不经批准，随意在楼板或建筑物结构上打孔的应及时纠正并严肃处罚。

3. 用管道悬吊重物或起重滑车

【举例】 需要悬吊重物或起重滑车时，有的作业人员图省事，竟用已安装好的管道进行悬吊。

【纠正方法】 应讲清楚：重物或起重滑车有一定的质量，悬吊在管道上，会造成管道塌陷或折裂，损物伤人。因此，① 禁止利用任何管道悬吊重物或起重滑车；② 加强现场监督，发现利用管道悬吊重物或起重滑车的行为时坚决制止。

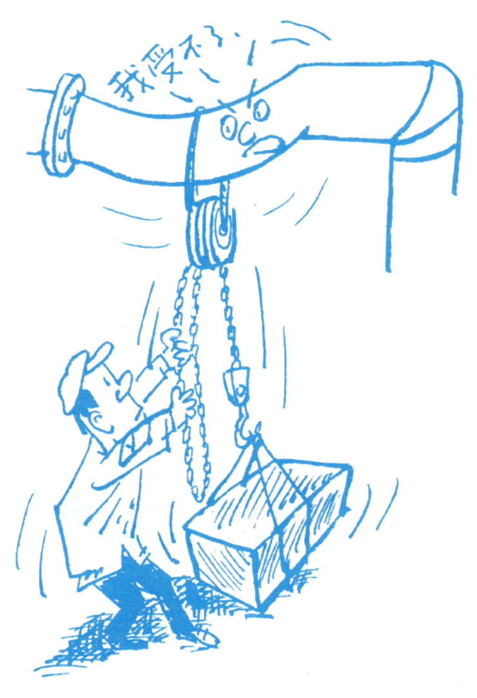

4. 在需要加盖盖板之处，不加盖盖板

【举例】 有的施工单位和作业人员在厂房内外，工作场所预留的井、坑、孔、洞或沟道上不加盖盖板，对危险视而不见，习以为常。

【纠正方法】 应讲清楚：生产厂房内外，工作场所的井、坑、孔、洞或沟道，必须覆以与地面齐平的坚固盖板。违反这条规定，在井、坑、孔、洞或沟道上不加盖盖板，就会发生人员坠落伤害事故。应准备坚固适用的盖板并对现场经常进行检查，发现有遗漏之处及时补盖。

5. 在通道口随意放置物料

【举例】 经常在门口、通道、楼梯和平台等处存放容易使人绊倒的物料。

【纠正方法】 应讲清楚：门口、通道、楼梯和平台等处，是人员行走和物料转运的必经之地。如果在这些地方放置物料，必然会阻碍通行，给工作带来不便。因此，不准在门口、通道、楼梯和平台等处堆放物料。应经常检查，发现通道等处放置物料立即清除。

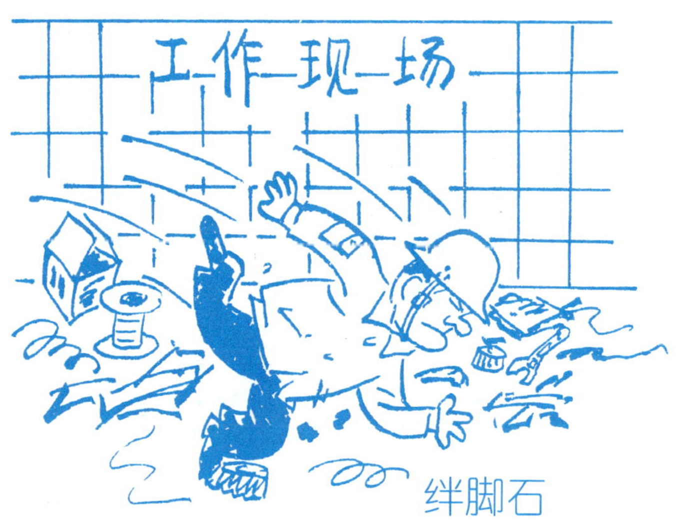

6. 将消防器材移作他用

【举例】 有的工作人员在开门后随手用灭火器挡门或移动灭火砂箱作登高物。

【纠正方法】 应讲清楚：消防器材平时储放生产厂房或仓库内，一旦着火时用以灭火。随意把灭火器材移作他用，会损坏它的性能；如果不归放原位，起火时手忙脚乱，找不到灭火器材灭火，会造成更大的损失。应经常检查消防器材是否妥善保管，如发现移作他用应立即整改。

7. 在工作场所存放易燃物品

【举例】 把没用完的易燃物品随手放在工作场所的角落或走廊，准备下次再用。

【纠正方法】 应讲清楚：在工作场所存放汽油、煤油、酒精等易燃物品既会污染工作环境，还容易引起燃烧和爆炸。因此，禁止在工作场所存储易燃物品。

作业人员应准确估算领取的易燃物品。领取的易燃物品应在当班或一次性使用完；剩余的易燃物品应及时放回指定的储存地点。对随意在工作场所存放易燃物品的现象，一经发现必须严肃处理。

危险品

8. 不按规定穿用工作服

【举例】 有的工人穿用工作服时，衣服和袖口不扣好；有的女职工进入生产现场穿裙子和高跟鞋，辫子、长发不盘在工作帽内。

【纠正方法】 应讲清楚：不按规定规范着装，衣服或肢体可能被转动的机器绞住绞伤。因此，必须按规定着装。在作业前，班组长应对着装进行严格检查，不按规定着装的不准上岗作业。

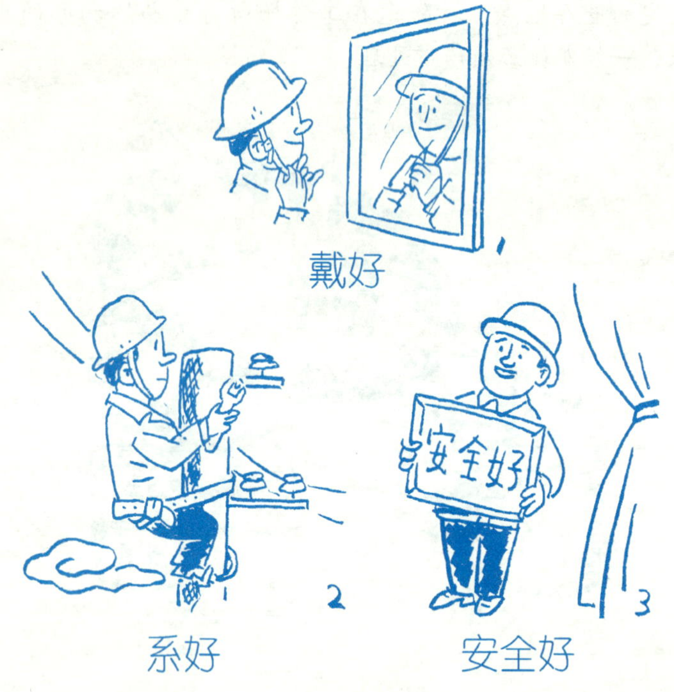

9. 接触高温物体工作，不戴防护手套，不穿专用防护服

【举例】 有的工人不戴手套和穿用防护工作服就参加接触高温的作业，还振振有词地说："穿防护服不灵便，只要小心谨慎，不戴防护手套也不会出事"。

【纠正方法】 应讲清楚：接触高温物体，工作时如果不戴防护手套，不穿专用防护工作服，就有可能被烫伤。列举不按规定着装被烫伤的事故，从中吸取教训，作业前应进行认真检查。对接触高温物体，不戴防护手套、不穿用防护工作服者，不准上岗。

10. 进入施工作业现场不正确佩戴安全帽

【举例】 有的职工进入施工生产现场不戴安全帽或者虽然戴上安全帽，却不系好帽绳，还有的职工把安全帽当成小凳子坐。

【纠正方法】 应讲清楚：施工生产现场存在诸多危险因素，比如物体坠落等，因此，必须加强对头部的防护，戴好安全帽，以对头部起到有效的防护作用。进入施工生产现场前，严格检查工人佩戴安全帽的情况，不正确佩戴安全帽者不准进入施工生产现场。发现把安全帽当凳子坐的现象应严肃查处。

11. 在机器转动时装拆或校正皮带

【举例】 有的工人在机器转动时，动手进行校正或者装拆皮带，面对纠正和劝阻，他们不以为然地说："以前老师傅都这么做，我们这么做也不会出事。"

【纠正方法】 应讲清楚：装拆或校正皮带必须在机器停止时进行，否则有可能绞伤手指或手臂。经常列举在机器转动时装拆或校正皮带发生的血淋淋的事故，从中吸取教训。对违章操作者应及时纠正，严肃查处。

12. 在机器未完全停止以前，进行修理工作

【举例】 有的职工发现机器出现小故障，在机器未完全停止以前便进行修理，并且说："小故障，随手修理一下不影响工作。等机器完全停止，排除故障再重新启动，影响工作效率。"

【纠正方法】 应讲清楚：在机器完全停止之前，不能进行修理工作。经常列举有关事故案例，讲清在机器完全停止之前进行修理工作，极有可能诱发事故，对违章操作者应及时纠正处罚。

修理时禁止转动

13. 在机器运行中，清扫、擦拭或润滑转动部位

【举例】 有的工人在机器运行中，清扫、擦拭或润滑转动部位，这样做非常危险，有可能导致手部或臂部被机器绞伤。

【纠正方法】 应讲清楚：在机器转动时，严禁清扫、擦拭或润滑转动部位，只有确认对工作人员确无危险时，方可用长嘴壶或油枪往油盅里注油。讲解在机器运行中擦拭、清扫和润滑所引发的事故案例，从中吸取教训，对违章操作者，及时纠正。

运转时禁止加油

14. 翻越栏杆，在运行的设备上行走或坐立

【举例】 有的职工喜欢翻越栏杆或在运行的设备上行走或休息。认为：“这是勇敢的表现”，有的铤而走险，甚至为此“一赌输赢”。

【纠正方法】 应讲清楚：栏杆上、管道上、靠背轮上、安全罩上或运行中的设备上，都属于危险部分，翻越或在上面行走和坐立，容易发生摔、跌、轧、压等伤害事故，应严格遵守劳动纪律，对违章者给予相应的处罚。

15. 上爬梯不注意逐挡检查

【举例】 有的职工以为："爬梯很稳固，逐挡检查没啥必要。"因此，不进行逐挡检查就往上爬。上下爬梯时，习惯用两手同时抓一个梯阶。

【纠正方法】 应讲清楚：爬梯的稳固性只是相对的。随着时间的延长和环境的变化及其他意外因素，爬梯很可能发生缺陷和隐患。如果不进行逐挡检查，不稳固状态难以发现，很可能引发坠落事故。上下爬梯时，不但应逐挡检查是否牢固，还应两手各抓一个梯阶，小心稳妥，以防意外。

16. 随意拆除电气设备接地装置

【举例】 在使用电气设备中，有的职工随意拆除接地装置，或者对接地装置随意处理。认为："电气设备绝缘没有损坏，不使用接地装置也不会触电。"

【纠正方法】 应讲清楚：随意拆除接地装置，一旦电气设备绝缘损坏引起外壳带电，如果人与之接触就会触电。因此，接地装置不能随意拆除，也不能对接地装置随意处理。对违反者应及时进行批评教育甚至处罚。

17. 使用有缺陷的大锤作业

【举例】 有的职工使用大锤时，不进行检查，锤头已出现歪斜、缺口、凹入和裂纹，仍照常锤打，并且说："小毛病，不碍事。"

【纠正方法】 应讲清楚：工具有缺陷，不但妨碍作业，而且容易诱发伤亡事故。大锤锤头歪斜就容易抡偏，击伤手臂，如果锤柄断裂锤头会飞出伤人。作业前，应认真检查大锤，不合格者严禁使用。作业中大锤出现缺陷，应立即更换。

—— 你工伤休息，工具借来一用

—— 我就是用了它才出工伤的

18. 凿击坚硬或脆性物体时，不戴防护眼镜

【举例】 有的工人在用凿子凿击金属或混凝土等物体时，不戴防护眼镜，认为戴防护眼镜，动作不便，妨碍观察。

【纠正方法】 应讲清楚：不戴防护眼镜，极易被砸下的金属屑或混凝土碎块击伤眼睛。因此，应当经常检查督促职工在作业时戴好防护眼镜。

必须戴防护眼镜

19. 使用没有防护罩的砂轮打磨

【举例】 有一位工人在打磨时，使用没有防护罩的砂轮，有人提醒他，他却说：“只要自己注意，不会有危险。”结果砂轮碎裂，碎片崩出击伤了他的头部。

【纠正方法】 应讲清楚：安装用钢板制作的防护罩，能有效地阻挡砂轮碎裂时的碎块，保护自己和其他人员的安全。因此，禁止使用没有防护罩的砂轮。对使用未安装防护罩的砂轮的职工应及时制止。

没有防护罩的砂轮危险

20. 忽视检查，使用带故障的电气用具

【举例】 电气用具在使用前，必须进行认真检查。但有的职工却说："昨天使用时一切正常，再重新检查没啥必要。"

【纠正方法】 应讲清楚：由于忽视检查，常使电气用具存有故障而无法察觉。比如，电线漏电、没有接地线、绝缘不良等，既有碍作业，又存在发生触电的危险。因此，绝不能忽视对电气用具的检查。使用前必须检查电线是否完好、有无可靠接地、绝缘是否良好、有无损坏，并应按规定装好漏电保护开关和地线，对不符合要求的不能使用。

21. 使用电动工具时不戴绝缘手套

【举例】 有的工人感到："戴绝缘手套工作不方便。"常常徒手操作电动工具。

【纠正方法】 应讲清楚：使用电动工具时戴绝缘手套，能有效地防止电弧灼伤或电击伤。在作业前进行严格检查，对不戴绝缘手套者不允许操作电动工具。

这不是钻床，是电钻，必须戴绝缘手套

22. 不熟悉使用方法，擅自使用电气工具

【举例】 有的职工不熟悉电气工具使用方法，却擅自操作电气工具，造成不良后果。比如：提着电气工具的导线部位；因故离开工作场所或遇到临时停电时，不切断电源。这不仅会损坏电气工具，还有可能由于绝缘不良造成触电事故。

【纠正方法】 应讲清楚：电气工具必须由熟悉其使用方法的电气工作人员使用，不熟悉其使用方法的人员，不能擅自使用。对擅自使用电气工具者，应及时制止，并视情节轻重给予处罚。

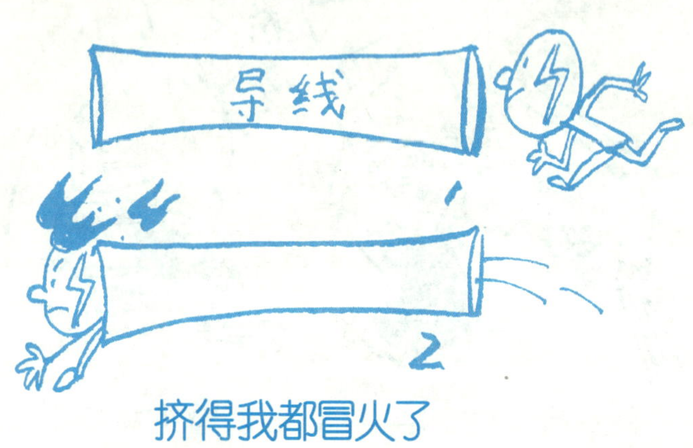

23. 不熟悉使用方法，擅自使用风动工具

【举例】 有的职工不熟悉风动工具的使用方法，却操动风动工具违章作业。比如，风动工具运行时，拆换零部件。这样，不仅使风动工具的性能受到损坏，而且容易造成人员身体伤害。

【纠正方法】 应讲清楚：不熟悉使用方法的人员，不能使用风动工具，发现有擅自使用风动工具或其他违章行为的，应立即劝止。

24. 不熟悉使用方法，擅自使用喷灯

【举例】 有的工人不熟悉使用方法，看到别人使用喷灯“很好玩”，也总想亲自试试。于是，趁别人不在场，拿起喷灯作业。有时还在喷灯漏气时点火，或把喷嘴对人，致人烧伤。

【纠正方法】 应讲清楚：不熟悉使用方法的人员，不能擅自使用喷灯。发现有擅自使用喷灯的应立即劝止，防止发生意外。

急用现学

25. 在有可能突然下落的设备下面工作

【举例】 有的职工作业时，不注意检查是否存有危险因素，落实保护措施。比如，在有可能突然下落的抓斗或吊斗下面进行检修等，其危险性显而易见，如果抓斗或吊斗突然下落，人员就会被砸伤，后果不堪设想。

【纠正方法】 应讲清楚：在有可能突然下落的设备下面工作，存在很大的危险性。应离开危险区域，在安全环境里工作。如必须在有可能突然下落的设备下面工作时，应预先做好防范措施。

当心落物

26. 在机车驶近时抢过铁道

【举例】 在厂内铁道与汽车道或行人道的交叉点，都设有“小心火车”的警示牌、拦路杆，并有专人管理。有的职工在拦路杆放下、机车驶进时，仍旧急于穿过交叉点，这样做非常危险，有可能被飞驰而过的机车刮倒或撞伤。

【纠正方法】 应教育职工严守交通规则，机车驶近时，不得通过交叉点，负责交通管理的人员应坚决制止行人的冒险行为。

27. 在火车下面或两节车厢的中间穿行

【举例】 有的职工为了抄近道，走捷径，在火车下面或两节车厢的中间穿行，还有的在铁道上或车厢下面休息，这不仅妨碍火车的正常运行，而且是非常危险的行为。

【纠正方法】 应讲清楚：在火车下面或两节车厢的中间穿行和在铁道上或车厢下休息，是一种无知的冒险行为，一经发现应坚决制止。

危险的行动

28. 砸煤时不戴防护眼镜

【举例】 有一工人嫌戴防护眼镜不方便，便摘下来挂在胸前，抡锤砸煤，碎块四溅，有一碎块崩在左眼上，造成视力减退，险些失明。

【纠正方法】 应讲清楚：砸煤时戴防护眼镜是防止煤渣击伤眼睛的有效措施。在砸煤作业前，应认真检查，对没有戴防护眼镜的，不允许上岗作业。

一位砸煤击伤眼睛者自述

29. 不能及时消除煤堆形成的陡坡

【举例】 有的工人在从煤堆取煤时，贪图方便，不注意留有一定的边坡，对已经形成的陡坡也不注意及时消除。结果，陡坡发生下滑或坍塌而伤人。

【纠正方法】 应讲清楚：煤堆形成陡坡将会发生的危险。经常检查煤堆，发现有陡坡生成，及时消除。

30. 卸煤工从车厢上直接跳下

【举例】 有的卸煤工自觉身体灵便，不是踏着车厢上的脚蹬上下煤车，而是从车体上爬或从车厢上直接跳下。当别人劝阻时，他们却说：“我身轻体灵，不会出事。”但容易引发的后果是：或者被车厢刮伤，或者跳下后跌伤。

【纠正方法】 应讲清楚：不准从车上跳下。对违反规定从车厢上直接跳下者，应进行批评教育或处罚。

31. 在抓煤机抓斗活动范围内通行或逗留

【举例】 有的工人出于好奇，总想观看抓煤机是怎样工作的，于是，寻找机会在抓煤机抓斗活动范围内通行或逗留。这样做十分危险，很有可能被活动的抓斗碰伤。

【纠正方法】 应讲清楚：在抓煤机抓斗活动范围内通行或逗留的危险性。对通行或逗留者予以严肃处理，防止发生意外。

禁止停留

32. 用吊斗、抓斗运载作业人员和工具

【举例】 有的工人总想坐吊斗或抓斗过把瘾，找机会上吊斗或抓斗。有的司机也安全意识淡薄，随意用吊斗、抓斗运载作业人员和工具。这样做，极易引发人员摔跌、撞击等伤害事故。

【纠正方法】 应讲清楚："不准用吊斗、抓斗运载人员和工具"的规定，班组职工要互相监督。如果吊斗和抓斗里载人，司机应停止工作。对乘坐吊斗或抓斗的，应进行严肃的批评教育或处罚。

禁止乘车

33. 在卷扬设备运行时跨越钢丝绳

【举例】 有的职工贪图方便，在卷扬机等设备运行时，跨越正在走行的钢丝绳。经劝阻后却不以为然地说："跨越钢丝绳身体灵便，保持距离就不会出事。"

【纠正方法】 应讲清楚：在卷扬机等运行设备的钢丝绳上跨越十分危险，稍有不慎即可能被钢丝绳绞伤。因此，在卷扬机等设备运行时，禁止任何人跨越钢丝绳。对违章跨越钢丝绳的，应给予相应的处罚。

不走十步远，
走了一步险

34. 把手伸入输煤皮带遮栏内加油

【举例】 输煤皮带加油的位置应安装在遮栏外面。但有的工人在输煤皮带运行时，仍旧把手伸进遮栏内加油，这样做是非常危险的，手有可能被输煤皮带绞伤。

【纠正方法】 应讲清楚：把手伸入遮栏内加油的危险性，对把手伸入遮栏内加油的，应给予批评教育和处罚。

35. 在输煤皮带上站立、穿越或行走

【举例】 一名工人去检查设备运行情况时需绕过270m长的皮带，为图方便，从正在运行的配煤小车的上下层皮带之间钻越，结果，不慎落在皮带上被挤伤。

【纠正方法】 要讲清楚：严禁在输煤皮带上站立、穿越、行走或传递各类工具。对违反上述规定者，应给予严厉的批评教育和处罚。

36. 在运行时，用锹清理皮带滚筒上的粘煤

【举例】 某电厂燃煤车间一名徒工，从入厂时就看到老师傅用铁锹清理粘煤，某日他也如此清理粘煤，被皮带卷入挤伤死亡。

【纠正方法】 应讲清楚：用锹清理皮带滚筒上的粘煤，实属严重违章行为。严禁用铁锹清理皮带滚筒上的粘煤，发现用铁锹清理皮带滚筒上粘煤的，应立即劝止，并给予批评教育和处罚。

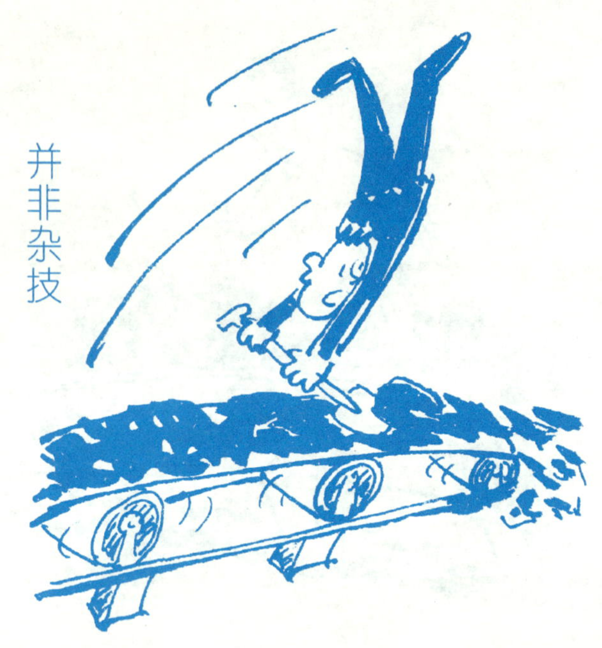

37. 捅原煤斗内的堵煤时，把算子拿掉

【举例】 有的工人站在煤斗上部的平台上，用捅条去捅原煤斗内的堵煤时，总是把原煤斗上的箅子拿掉，以为这样做捅堵煤方便、顺畅。他们不了解，如果捅煤时把原煤斗上的箅子拿掉，就有可能使自己或其他工作人员掉入煤斗摔伤。

【纠正方法】 应讲清楚：捅煤时将箅子拿掉存在危险。发现有人把箅子拿掉时，应让其立即盖好，并给予批评教育和处罚。

38. 穿钉有铁掌的鞋子进入油区

【举例】 油区有严格的防火措施。进入油区的工人，应进行登记，交出火种，不穿钉有铁掌的鞋子。但有的工人却认为“穿钉有铁掌的鞋子进入油区，不会出事”。他们不了解，钉有铁掌的鞋子与水泥地面或铁器摩擦，容易发出火花，引起爆燃。

【纠正方法】 应讲清楚：进入油区的有关规定，让职工严格遵守。同时要严格检查，发现穿有铁掌鞋子者，不准入内。

39. 用箍有铁套的胶皮管卸油

【举例】 有的工人在卸油时，不认真检查是否安全可靠，竟把箍有铁套的胶皮管或铁管接头伸入卸油口。被制止后，他们却说："胶皮管不导电，为什么不让使用。"其实，使用箍有铁套的胶皮管或铁管接头，碰击时会迸放火花，极易将油点燃。

【纠正方法】 应讲清楚：使用箍有铁套的胶皮管或铁管接头卸油存在的危险，卸油时，严禁将箍有铁套的胶皮管或铁管接头伸入卸油口。对违反规定的，应立即劝止并给予批评教育和处罚。

40. 不对易燃易爆物品隔绝即从事电、火焊作业

【举例】 在进行电、火焊作业时，对附近的易燃易爆物品必须采取可靠的隔绝措施。但有的焊工明知附近有易燃易爆物品，却不采取隔绝措施，结果在从事电、火焊作业时焊花飞溅，将易燃易爆物品点燃，引起火灾。

【纠正方法】 应讲清楚：对易燃易爆物品不采取隔绝措施，即从事电、火焊作业的危害性，在从事电、火焊作业时必须办理相关工作票，对现场存有易燃易爆物品，采取可靠的隔离措施后方可作业。

41. 直接徒手去拨堵塞给煤机的煤块

【举例】 由于煤块堵塞，致使给煤机卡堵。这时，有的工人便去直接用手拨堵塞的煤块，结果，堵塞的煤落下，给煤机运转，将手或胳膊挤伤。

【纠正方法】 应讲清楚：用手直接拨堵塞给煤机的煤块可能引发的伤害，使用专用工具和以正确的方法拨堵塞的煤。发现有直接用手拨堵塞给煤机煤块者，应立即劝止，并给予批评教育和处罚。

42. 除焦时用身体顶着工具

【举例】 除焦时，应站在除焦口的侧面，斜着使用工具。但有的工人站在除焦口的正面，或者用身体顶着工具，有时炉灰焦冲出将人击伤。

【纠正方法】 应讲清楚：用身体顶着工具的危险性，督促工人使用正确的除焦方法。发现用身体顶着工具除焦的，应立即劝止。

43. 除灰时不按规定着装

【举例】 有的工人在除灰时，违反《安全工作规程》，不戴手套，不穿防烫工作服和长筒靴。结果，由于身体失去保护而被掉落的热灰烫伤。

【纠正方法】 应讲清楚：除灰时穿戴劳动防护用品的必要性。作业前进行严格检查，对着装不符合要求者不准上岗。在除灰过程中，发现有摘掉手套或脱去工作服和长筒靴的，应劝其穿戴好，并予以批评教育或处罚。

44. 站在装满灰渣车的近处浇水

【举例】 从炉膛内清除的灰渣温度很高，向装载灰渣车的灰渣浇水时，至少应站在离灰车 1.5～2m 处。但有的工人却站在灰车近处浇水，往往被灰渣和蒸汽灼伤。

【纠正方法】 应讲清楚：站在装满灰渣车的近处浇水将会引起危险。浇水时，必须保持足够的安全距离。对违反规定的工人，应立即纠正，并给予批评教育。

45. 在制粉设备附近吸烟

【举例】 煤粉是易燃易爆物品，制粉设备场所必须严禁烟火。但有的工人不以为然，竟在制粉设备附近点火吸烟。这样做，很容易引燃煤粉，甚至引起爆炸。

【纠正方法】 应讲清楚：在制粉设备附近吸烟的危险性，严格遵守“严禁烟火”的有关规定。对在禁烟场所吸烟者，应立即制止，并予以处罚。

煤粉的脾气

46. 在吊物下停留或通行

【举例】 起重机悬吊着的重物下方，存在着重物下落和撞击的危险，禁止人员停留或通行。但有的工人心存侥幸认为吊着的重物不会下落，停留或通行不碍事，因而习惯在吊着的重物下停留或通行。

【纠正方法】 应讲清楚：在吊物下边停留或通行的危险性。对企图停留或通行的，应坚决劝阻。

看图说话

47. 戴线手套用手转动转子

【举例】 有的工人站在汽轮机汽缸水平接合面上，戴线手套用手转动转子，时常发生转子将手套挂住而绞伤手指。

【纠正方法】 应讲清楚：转动转子时戴线手套的危害性。加强监护，对戴线手套用手转动转子的，应立即劝阻，并给予批评教育。

当心伤手

48. 在轴瓦就位时手拿轴瓦边缘

【举例】 在拆装轴承作业中，当轴瓦就位时，有的工人竟用手拿轴瓦的边缘，这样做是十分危险的，如果轴瓦滑下，就会导致伤害。

【纠正方法】 应讲清楚：在轴瓦就位时手拿轴瓦边缘的危险性。对手拿轴瓦边缘的，及时劝阻并纠正。

49. 随意进入井下或沟内工作

【举例】 有的工人发现电缆沟、输水沟、下水井或排污井故障，未做好安全措施盲目地入内排除，结果因地沟或井下通风不良而窒息。

【纠正方法】 应讲清楚：进入电缆沟、下水井或排污井内工作，必须经过运行班长许可。工作前，必须检查这些地点是否安全、通风是否良好、有无瓦斯存在，并设专人监护。未经许可不得进入井下和沟道内工作。

当心瓦斯

50. 站在水池隔墙下边工作

【举例】 有的工人进入水池清除淤泥时，站在隔墙下边。当别人劝阻时，他们却说："水池的隔墙坚固，不会倒塌。"他们不懂得，水池的隔墙虽然坚固，但长期浸泡，加之当一侧放水后，承受另一侧池水的压力，很有可能坍塌伤人。

【纠正方法】 应讲清楚：站在水池隔墙下边工作的危险性，清除淤泥时，避免站在隔墙下边，对站在隔墙下边工作的工人，应立即劝阻和纠正。

51. 在喷水池等处游泳

【举例】 在夏季，有的工人习惯在进水口附近区域内，如喷水池或冷水塔的水池内游泳，这是相当危险的。在这些地方游泳，不但破坏了生产环境，而且容易发生事故。

【纠正方法】 应讲清楚：在进水口附近等区域内不准游泳的规定。发现有游泳的，应立即劝阻，并给予批评教育和处罚。

喷水池不能游泳

52. 擅自检修带压力的管道

【举例】 在管道检修时，有的工人不经批准，在有压力的管道上从事焊接、紧螺钉等工作，这样做容易引发管道的爆裂，发生伤亡事故。

【纠正方法】 应讲清楚：不准在有压力的管道上进行任何检修工作。如果确需检修时，必须经企业主管生产技术工作的领导（总工程师）批准，并采取安全可靠的措施。

管道检修(有压力)焊接紧螺钉引发爆裂

53. 用手指伸入螺丝孔内触摸

【举例】 在安装管道法兰和阀门的螺钉时，有的工人用手指伸入螺丝孔内触摸，这样做很容易划伤手指。

【纠正方法】 应讲清楚：用手指伸入螺丝孔内触摸存在的危险，应使用专用工具校正螺丝孔，对发现用手指伸入孔内触摸的，应立即劝阻与纠正。

54. 用捻缝和打卡子的方法消除瓦斯管道的不严密处

【举例】 在检修瓦斯管道时，有的工人对瓦斯管道的不严密处，不是实施焊接，而是用捻缝和打卡子的方法去堵，这样做容易造成瓦斯漏泄或管道爆裂而引发事故。

【纠正方法】 应讲清楚：工人严禁用捻缝和打卡子的方法清除瓦斯管道的不严密处。

观后感

55. 用燃烧的火柴投入地下室内作检查

【举例】 在检查地下室有无有害气体时，有的工人不是使用专用的矿灯或小动物，而是用燃烧的火柴或火绳投入室内。这样做，如果地下室内有瓦斯等气体，就会引起爆炸。

【纠正方法】 应讲清楚：把燃烧的火柴等投入地下室作检查存在的危害。作检查时，应采取正确的方法。发现有人向地下室投燃烧的火柴或火绳时，应立即劝止，并给予批评教育。

——年纪轻轻,为何急着见我?
——违反《安全规程》,所以来得早了点。

56. 站在梯子上工作时不使用安全带

【举例】 在容器、槽箱内工作时，有的工人站在梯子上，却不使用安全带，认为只要站得稳，不会出事，结果从梯子上跌落而摔伤。

【纠正方法】 应讲清楚：站在梯上工作使用安全带的必要性，安全带的一端应拴在高处牢固的地方，对上梯工作未使用安全带的工人，应督促他们立即拴好安全带，以防万一。

如梦初醒

57. 监护人同时担任其他工作

【举例】 在容器、槽箱内工作时，外面设有监护人，如果监护人不注意观察或倾听容器内或槽箱内工作人员的情况，而是从事其他方面的工作，就是严重的失职。如果容器或槽箱内人员发生险情，监护人不能及时发现和救护，就会导致人员伤害。

【纠正方法】 应教育监护人增强责任感，集中精力做好监护工作。对监护人不能分配其他工作，确保有专人专门做好监护工作。

58. 用肩扛、背驮或怀抱的方法搬运危险品

【举例】 搬运装着浓酸或浓碱溶液等危险品装置时，有的工人采取肩扛、背驮或怀抱的方法。这样做非常危险。如果滑落将会被砸伤，溶液溢出，人体会被灼伤。

【纠正方法】 应讲清楚：用肩扛、背驮或怀抱的方法搬运危险品存在的危险性，禁止使用这些方法搬运。发现有人肩扛、背驮或怀抱搬运时，应立即劝止并纠正。

59. 将酸洗废液直接排放入河流

【举例】 使用酸碱类的药液酸洗后，有的单位图方便，把酸洗废液直接排入河流，这是绝对不允许的。酸洗废液排入河流，会造成河水的污染，危害水里的生物，如果被人饮用还会对人体造成危害。

【纠正方法】 应讲清楚：将酸洗废液直接排入河流的危害性，树立保护环境的意识。发现有人把酸洗废液直接排入河流时，应立即制止，并报告有关部门处理。

60. 把安全带挂在不牢固的物件上

【举例】 有的工人在高处作业时，安全意识淡薄，不注意检查，随意将安全带挂在不牢固的物件上。如果人员从高处坠落，安全带就起不到保护作用，而发生人员伤亡。

【纠正方法】 选择悬挂安全带的物件，必须牢固可靠，班组职工应互相监护，认真检查，发现安全带悬挂不牢固时，应督促其摘下重新选择牢固可靠的地点。

61. 高处作业不使用工具袋

【举例】 高处作业时，有的工人嫌麻烦，不使用工具袋，工具随便放置，极易导致高处坠物伤人事故。

【纠正方法】 应讲清楚：高处作业必须使用工具袋，高处作业时把工具装在袋中，较大的工具还应用绳索拴在牢固的物件上。对高处作业不使用工具袋者，应严厉批评教育并予以处罚。

62. 高处作业时，将工具及材料随意上下抛掷

【举例】 在高处作业时，有的工人不是用绳索系牢工具或材料吊送，而是上下抛掷。这样做，不仅会损坏工具或材料，还容易打伤下方的工作人员。

【纠正方法】 应讲清楚：将工具及材料上下抛掷的危险性，应采取绳索上下传递工具或材料。对违反规定的行为应立即制止，并给予相应的处罚。

63. 在不坚固的结构上侥幸工作

【举例】 登高作业时，有的工人不注意检查所登的物体是否坚固，有的工人在石棉瓦的屋顶部作业未采取防坠措施，结果石棉瓦坍塌，人员被摔伤。

【纠正方法】 在作业前，应认真检查所处的环境是否坚固。如果不坚固，应选择坚固的物体。发现有人在不坚固的物体上作业时，应及时提醒让其停止作业，采取牢靠的安全措施后再作业。

登石棉瓦屋顶作业坠落

64. 使用吊篮工作时不使用安全带

【举例】 有的工人认为站在吊篮里工作安全，因而不使用安全带，如果吊篮发生故障坠落，人也同吊篮一起坠落而受伤害。

【纠正方法】 应讲清楚：使用吊篮工作时使用安全带的必要性。要把安全带拴在建筑物或其他可靠处所，作为双保险措施。对不使用安全带的工人，应劝其使用，否则，不许其在吊篮内工作。

65. 站在梯顶工作

【举例】 有的工人在作业时，站在梯顶上，这是不允许的。安全规程规定：工作人员必须登在距梯顶不少于1m的梯磴上工作。如果站在梯顶上，或者站的梯磴离梯顶少于1m处，人体就会失去依托，容易从梯子上坠落而摔伤。

【纠正方法】 应讲清楚：登梯位置不正确存在的危险性和掌握正确的登梯方法。加强监护，发现登梯位置不正确的工人，应及时纠正。

66. 将梯子放在门前使用

【举例】 有的工人在工作时，将梯子放在门前使用。如果门被推开，很容易把梯子推倒，造成梯上工作的人员坠落。

【纠正方法】 应讲清楚：将梯子放在门前使用存在的危险性，严禁在门前使用梯子。如果必须在门前使用时，应采取防止门突然开启的措施或指定专人看守。

67. 在驾驶室内存放易燃物品

【举例】 有的起重机司机习惯于将使用过的汽油或酒精浸过的抹布放在驾驶室里。这样做十分危险，如果有火源就会把抹布引燃导致火灾。

【纠正方法】 应讲清楚：在驾驶室内存放易燃物品的危险性。对存放在驾驶室里的易燃物品，必须清理干净，以绝火患。

禁放易燃物

68. 利用吊物上升或下降

【举例】 有的指挥人员起吊重物时，竟站在吊物上指挥上升或下降。这样做很危险，如果立足不稳就会从吊物上坠落而受到伤害。

【纠正方法】 应讲清楚：站在吊物上指挥的危险性，严禁工作人员站在吊物上指挥上升或下降。对站在吊物上的人员应立即劝止，并给予批评教育和处罚。

当心吊物

69. 肩荷重物攀登移动式梯子或软梯

【举例】 在作业中，有的工人肩荷重物，攀登移动式梯子或软梯，因荷重失稳，从梯子滑落或从软梯上坠落而致伤。

【纠正方法】 应讲清楚：肩荷重物攀登移动式梯子或软梯存在的危险性，严禁肩负重物登梯，对肩负重物登梯者应立即劝止。

70. 车未停稳便上、下车

【举例】 在装卸物件时，车还未停稳，有的工人便抢先上车或下车，这样极易造成摔跌事故。

【纠正方法】 应了解车未停稳便上、下车的危险性，待车停稳后，才能上、下车。对车未停稳便抢先上车或下车的工人，应给予批评教育。

71. 车辆行驶时，与驾驶员闲谈

【举例】 有的职工坐车时，在车辆行驶中，与驾驶员闲谈，有说有笑，这很容易分散驾驶员的精力而引发交通事故。

【纠正方法】 应讲清楚：在车辆行驶时，与驾驶员闲谈的危害性。乘车人员不得与驾驶员闲谈，应保证驾驶员集中精力驾车。发现有与驾驶员闲谈的应及时劝止。

72. 手拉缆绳顶端，手部受伤害

【举例】 有的工人在拉船上抛出的缆绳时，用手直接去拉缆绳的顶端，而缆绳顶端裸露的金属丝常常将手扎伤。

【纠正方法】 应讲清楚：用手拉缆绳顶端引起的伤害，拉缆绳时，应避开拉缆绳的顶端。发现有拉缆绳顶端的应立即劝止，以防手部伤害。

73. 采用掏挖的方法挖掘

【举例】 挖掘土石方时，应采取先挖上方后挖下方的方法进行。但有的工人却采用掏挖的作法，造成土石坍塌，使人员受到伤害。

【纠正方法】 应讲清楚：掏挖方法存在的危险性，使用自上而下的方法挖掘。发现有掏挖的作法，应立即纠正。

祸从头上降

74. 上下基坑时攀登水平支撑或撑杆

【举例】 基坑里架设的水平支撑或撑杆，是起支撑作用的物件。但有的工人上下基坑时，喜欢攀登水平支撑和撑杆上下。这样做，很容易破坏水平支撑和撑杆的稳定性，造成土石失去支撑坍塌而伤及人员。

【纠正方法】 应讲清楚：攀登水平支撑或撑杆存在的危险性，严禁攀登水平支撑或撑杆上下基坑。发现有攀登水平支撑或撑杆的，应立即制止。

75. 把炸药和雷管放入衣兜或怀里携带

【举例】 在从事爆破工作时，有的工人把炸药和雷管放入衣兜或揣在怀里，带往施工现场。这样做很不安全，一是容易遗失；二是如果受到挤压，很可能引起爆炸。

【纠正方法】 安全工作规程规定雷管、炸药必须分别保管，应讲清楚：携带炸药和雷管必须专人负责，指定专用工具存放，严禁装入衣兜或揣入怀内，违者从严处罚。

昨天我同你一样，携带雷管炸药前往现场，摔了一跤就成这样了

76. 用铁钎往炮眼里捣送药料

【举例】 在爆破前装药料时，有的工人不是用木棍往炮眼里轻轻地送，而是使用铁钎往里捣送。如果达到一定的推力，或撞击出火花，炸药就会爆炸。

【纠正方法】 应讲清楚：用铁钎往炮眼里捣送药料的特别危险性，应使用木棍轻轻地送药料。对违反规定，用铁钎往炮眼里捣送药料的，应立即制止并严肃处理。

当心爆炸

77. 站在石块滑落的方向撬石

【举例】 爆破后，有的工人用撬棍撬石块时，不是站在石块的两侧，而是站在石块滑落的方向。如撬起的石块滑落，正好砸在身上。

【纠正方法】 应讲清楚：站在石块滑落的方向撬石存在的危险，撬石块时，严禁站在石块滑落的方向。施工中，发现有人站位不正确，应立即纠正。

石块:站在我滑落的方向你要吃亏的

78. 移开或越过遮栏工作

【举例】 有的工人在值班时，认为“高压设备已停电”便移开遮栏或越过遮栏工作。这是绝不容许的，如果设备突然来电，就会发生触电事故。

【纠正方法】 应讲清楚：不论高压设备带电与否，值班人员都不得移开或跨越遮栏工作。需要移开遮栏工作时，必须取得相关人员的同意，与带电设备保持足够的安全距离，并有人在场监护。

危险的跨越

79. 雷雨天气不穿绝缘靴巡视室外高压设备

【举例】 雷雨天气巡视室外高压设备时，必须穿绝缘靴，并不得靠近避雷针和避雷器。但有的工人却不穿绝缘靴巡视室外高压设备。这是十分危险的，有可能被雷电击伤。

【纠正方法】 应讲清楚：穿绝缘靴在雷雨天巡视室外高压设备的必要性。对雷雨天巡视时未穿绝缘靴的，应及时劝阻，让其把绝缘靴穿上。不穿绝缘靴者，不能进行雷雨天室外高压设备的巡视。

80. 进出高压室时，不随手将门锁好

【举例】 有的工人巡视配电装置时，进出高压室，不注意关门和锁门。如果有小动物进入，不仅会妨碍工作，而且极易导致弧光短路事故。

【纠正方法】 应讲清楚：在巡视时进出高压室随手将门锁好的重要性。发现不注意锁门的，应立即纠正并予以批评教育。

81. 带负荷拉刀闸

【举例】 停电倒闸操作必须按规定的程序进行，但有的工人跳项操作，带负荷拉刀闸。这样做险象环生，不仅妨碍设备的正常运行，而且往往导致恶性电气误操作事故。

【纠正方法】 教育职工增强责任心，讲清带负荷拉刀闸的危险性，对违反规定带负荷拉刀闸者，不论后果严重与否，均应从严处罚。

82. 对投运的设备（包括机械锁）随意退出或解锁

【举例】 投运闭锁装置（包括机械锁），是防止误操作事故的重要措施。但有的工人对已经投入运行的闭锁装置（包括机械锁），随意退出或解锁，这是不允许的，极易引起误操作事故。

【纠正方法】 应讲清楚：所有投运的闭锁装置（包括机械锁），不经值班调度员或值班长同意，不得退出或解锁。如果有随意退出或解锁的，应立即纠正，并对责任人给予严厉处罚。

83. 用缠绕的方法装设接地线

【举例】 在装设接地线时，有的工人用缠绕的方法，把接地线缠绕在导体上。这样做严重违反安全规程，缠绕不当，容易使接地线失去作用而导致触电事故。

【纠正方法】 应讲清楚：用缠绕的方法进行接地的危害性，采用专门的线夹，把接地线固定在导体上。发现有缠绕接地线的现象，应立即纠正，并给予责任人批评教育或处罚。

84. 在室外地面高压设备上工作时，四周不设围栏

【举例】 有的工人在室外地面高压设备上工作时，认为“工作时间不长，并且有人在场，不会有问题”，因而四周不设围栏。一旦有人误入禁区，接触高压设备便会触电。

【纠正方法】 应讲清楚：在室外地面高压设备上工作时，不设围栏存在的危险性。工作时，四周应立即用围网做好围栏，并悬挂相当数量的“止步！高压危险！”的标识。对不设围栏的，让其将围栏设好再开始工作，并给予批评教育或处罚。

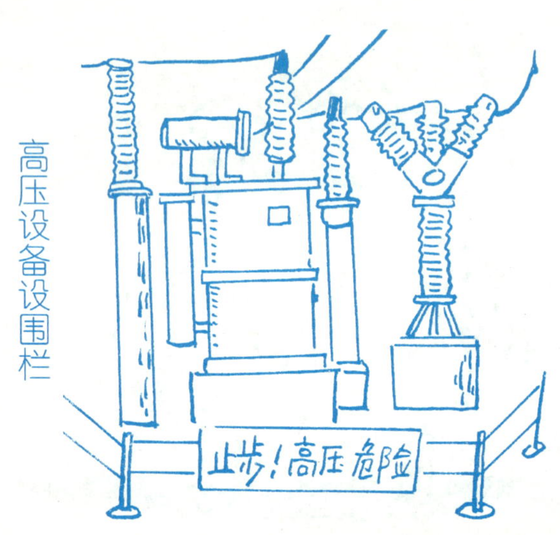

85. 约时停用或恢复重合闸

【举例】 有的工人在电气设备作业时，与值班员约时停用或恢复重合闸，这样是十分危险的，如果到了时间恢复送电，作业未完仍在进行，就会发生触电事故。

【纠正方法】 应讲清楚：约时停用或恢复重合闸存在的危险性，严禁约时停用或恢复重合闸。带电作业结束时，向调度汇报后，并检查现场无人时，方能恢复重合闸。对约时停用或恢复重合闸的，应立即纠正，并给予责任者相应的处罚。

86. 在带电作业过程中，设备突然停电时，视为设备无电

【举例】 在带电作业过程中设备突然停电时，有的工人便认为此时的设备已经无电，因而放弃防止触电的保护措施。这样做是十分危险的，如果突然恢复送电，或者设备因短路而部分停电，与设备接触就会发生触电事故。

【纠正方法】 应讲清楚：在带电作业过程中，如果设备突然停电，必须视同设备带电，仍要按照带电作业的要求进行工作。对视为设备不带电的麻痹大意思想，应及时教育帮助并立即加以纠正。

87. 等电位作业传递工具和材料时，不使用绝缘工具或绝缘绳索

【举例】 在等电位作业时，有的作业人员与地面作业人员互相传递工具和材料时，有时不使用绝缘工具或绝缘绳索，结果造成触电。

【纠正方法】 应讲清楚：用绝缘工具或绝缘绳索传递工具和材料的必要性，一切工具和材料的传递，必须使用绝缘工具或绝缘绳索。对不使用绝缘工具或绝缘绳索的，应立即纠正。

88. 带电断开或接续空载线路时不戴护目镜

【举例】 在进行带电断开或接续空载线路作业时，有的工作人员不带护目镜，往往被电弧灼伤眼睛。

【纠正方法】 应了解在进行带电断接空载线路时戴护目镜的作用。不带护目镜时，不能从事这类作业。在作业中，不仅要带护目镜，还应采取消弧措施。

必须戴护目镜

89. 带电水冲洗密封不良的设备

【举例】 在带电水冲洗时，有的工作人员不检查设备密封是否严密，一概用水冲洗，遇到密封不良的设备时，往往发生触电事故。

【纠正方法】 在带电水冲洗设备时，首先应对设备密封情况进行检查。密封良好的设备，可以带电水冲洗，密封不良的设备不得进行水冲洗，并向工作人员讲清为什么不能这样做的道理。

我要发火可不得了

90. 在开挖的土方斜坡上放置物料

【举例】 挖掘电缆沟时，有的工作人员贪图方便，把工具材料等放在土方的斜坡上，有时工具材料滚落于沟内，既造成工作不便，而且容易砸伤人员。

【纠正方法】 应了解保持土方斜坡稳定的作用，杜绝在上面放置工具材料等。对在斜坡上放置工具材料的，应立即清除。

当心落物

91. 敷设电缆时，用手搬动滑轮

【举例】 在敷设电缆时，有的工人见电缆放得慢，便用手搬动滑轮，以便尽快地敷设，结果手被滑轮挤伤。

【纠正方法】 让职工了解在电缆敷放期间，用手搬动滑轮会引起伤害，严禁用手搬动滑轮。对用手搬动滑轮的工作人员，应及时进行劝止，并讲清道理。

92. 在带电体、带油体附近点火炉或喷灯

【举例】 有的工作人员在给喷灯点火时，不注意观察周围环境是否允许，在带电设备、带油体附近点火，结果导致火灾。

【纠正方法】 在点燃喷灯时，必须在安全可靠的场所，严禁在带电带油体附近点燃。对在带电带油体附近点火者，应立即加以制止，并给责任人以批评或处罚。

93. 电气设备着火，使用泡沫灭火器灭火

【举例】 有的工作人员在电气设备着火时，慌乱之中，用泡沫灭火器灭火，结果适得其反，越喷火焰越大。

【纠正方法】 应让职工懂得灭火器的不同性能和用途。扑灭电气设备火灾，只能使用干式灭火器或二氧化碳灭火器，不得使用泡沫灭火器。泡沫灭火器只能用于扑救油类设备起火。电气设备起火时，应沉着冷静，选取干式灭火器或二氧化碳灭火器灭火。

——扑灭电气火灾我不行
——泡沫老弟,看我的

94. 在带电设备周围，使用钢卷尺等导电体类的量具测量

【举例】 在带电设备周围进行测量工作时，有的工作人员使用钢卷尺、皮卷尺。如果手拿的这些导体类工具与带电设备接触，人员就会触电。

【纠正方法】 应了解在带电设备周围进行测量工作，必须使用绝缘体的尺子，发现使用钢卷尺等导体类的量具时应立即纠正，讲清为什么不能使用的道理。

使用绝缘体尺子测量

95. 搅拌熔化的电缆胶时，使用冰冷的金属棒

【举例】 在搅拌已经熔化的电缆胶时，有的工作人员使用冰冷的金属棒，结果金属棒放进滚热的胶里，发生爆溅被烫伤。

【纠正方法】 要了解，搅拌或盛取熔化的电缆胶或焊锡时，必须用预先加热的金属棒或金属勺子，以避免由于冷热不均生成水分引起爆溅烫伤。对没有使用预先加热的金属棒或金属勺子的，应立即制止，并给予批评教育。

96. 骑在跳板的端头撤跳板

【举例】 工作结束后，在撤除高处水泥盖板与平台组件之间的跳板时，有的工作人员不系安全带，骑在跳板端头往回撤跳板，使跳板一端的平台组件滑下，跳板撅起，人同跳板一同滑落于地面，造成人员伤亡。

【纠正方法】 从高处往下撤跳板，严禁坐在跳板的端头，必须有可靠的安全措施，还应系好安全带。发现有违章作业的现象，应及时纠正，不带险情作业。

违章作业的后果

97. 高处作业时随意跨越斜拉条

【举例】 在高处作业时，有的工作人员不是按规定的路线行走，而是走近处，从斜拉条上跨越。有可能一脚踏空，从高处坠落伤亡。

【纠正方法】 应讲清楚：在高处作业不得随意跨越，并需系好安全带。对胆大妄为或麻痹大意者的违章行为，应及时纠正与处罚，并帮助他们增强安全观念。

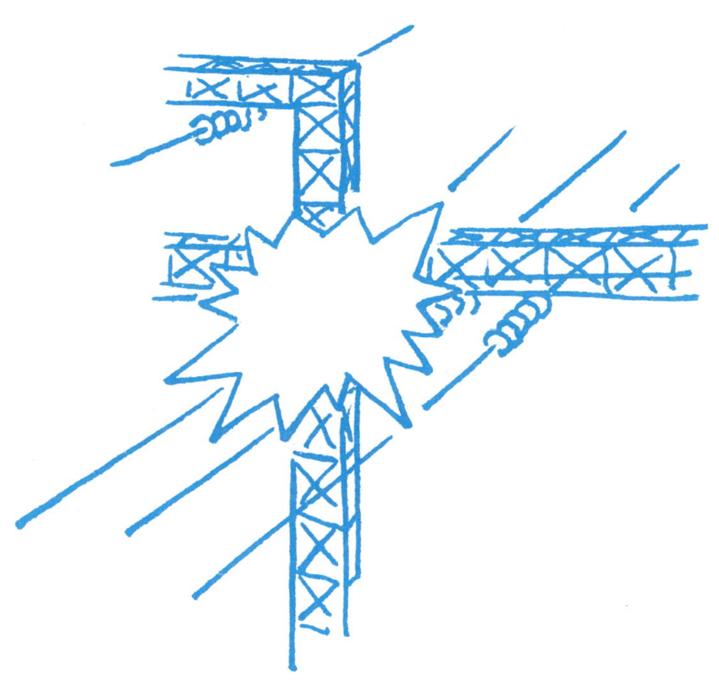

98. 擅改施工方案，不设侧面临时拉线

【举例】 擅改施工方案，不设侧面临时拉线，即解开内拉线。

在组塔加槽钢作业中，施工方案明确规定：先打好两侧临时拉线，然后再解开内拉线加槽钢。但有的施工负责人却不指挥先设侧面临时拉线，即让工作人员在塔下松内拉线。结果铁塔失去拉力倾倒，塔上工作人员随塔摔落地面伤亡。

【纠正方法】 应讲清楚：施工方案是施工者的行动指南，也是实现安全生产的基本措施，必须严格地贯彻落实，任何人都无权擅改。如施工中遇有与方案不同的情况，应向上级提出自己的意见，经批准后方可实施。对擅自改变施工方案的行为，应及时纠正和处罚。

99. 脚蹬吊物指挥起吊

【举例】 在吊装汽机厂房屋面板时，有的指挥人员右脚蹬在最下面一块板上，左脚蹬在房架上，下令起吊。由于板已被吊起，右脚失去依托，从高处坠落死亡。

【纠正方法】 指挥员在发出起吊信号之前，应检查吊物及周围是否危及个人和他人安全，严禁脚蹬吊物指挥起吊。对指挥人员的违章行为，任何人都有权纠正。

100. 登高释放感应电流时，不系安全绳

【举例】 在登高释放感应电流时，有的人不系安全绳，当爬至接近耐张串末端时，左手误抓均压环，感电后从高处坠落地面。

【纠正方法】 在高处作业必须系牢安全绳。有的工作人员说："系安全绳太麻烦，还没等系上绳，工作就干完了。"这是完全错误的，只有系好安全绳，一旦发生坠落才能得到保护。对不系安全绳的作业人员，应给予纠正，否则，不准登高作业。

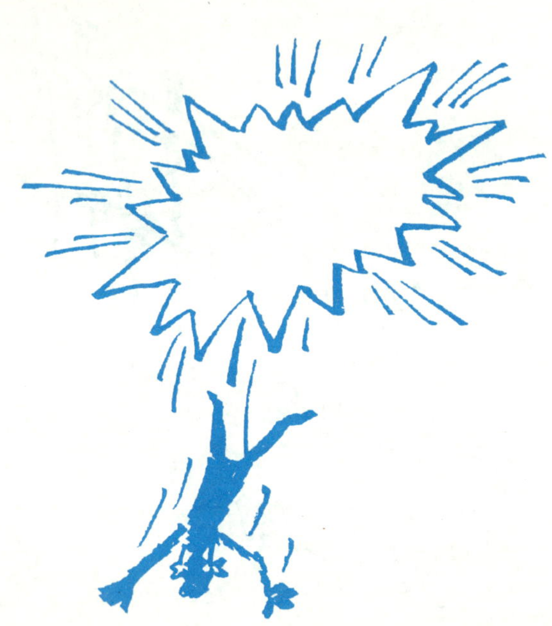

101. 在高处平台上倒退着行走

【举例】 在高处平台作业时，有的工作人员手拿氧气带和乙炔带割把，倒退着行走，只注意观察手拿的物品不被刮住，却忽视观察身后的预留口，导致失足坠落，造成伤害。

【纠正方法】 在高处平台作业时，应一丝不苟地落实防护措施，树立牢固的安全意识，一举手一投足都要小心谨慎，以防万一。

102. 擅自使用有缺陷的吊篮作业

【举例】 有的工人在作业中，不经批准，不做检查，擅自使用吊篮，进入吊篮后不挂安全带即起升。当吊篮升入高处时，因一端钢丝绳缺少一个卡扣而脱落，使一端垂落，将吊篮内的工人抛出坠落死亡。

【纠正方法】 必须明确，使用吊篮必须征得有关领导许可。工作前，应系好安全带，并认真检查吊篮的安全状况以确保万无一失。吊篮安全状态良好时，方可起升。

103. 在导线上，腰系小绳往下落

【举例】 在导线上安装间隔棒作业结束后，有的工作人员为了快点下到地面，让别人用小绳拴腰上，绕过导线往下窜。在下窜时，小绳突然断裂，致使作业人员坠落地面。

【纠正方法】 应了解，在导线上作业完毕后，必须回到塔上，然后脚踏脚钉下到地面。对违反上述规定的作业人员，应及时教育与纠正。

104. 吊篮作业，手扳葫芦下端不卡元宝螺钉

【举例】 有的工作人员在使用吊篮时，不在手扳葫芦下端卡上元宝螺钉，结果下落吊篮时，吊篮突然急速下滑一段距离，把作业人员甩出，因系有安全带，幸未坠落。

【纠正方法】 在使用吊篮起降时，应在手扳葫芦下端卡上元宝螺丝，以防止吊篮在下落时失去控制。作业前应进行检查，不卡上元宝螺钉，不能使用吊篮。

1. 上班不喝酒　2. 工作精神抖
3. 隐患不放过　4. 年终当能手

105. 自做卡凳，未采取防滑措施

【举例】 在安装门窗时，有的工作人员自做两个高1.9m的卡凳，然后铺跳板，站在上面工作。由于未采取防滑措施，导致在混凝土地面上滑动，作业人员跌落摔伤。

【纠正方法】 应讲清楚：卡凳放置混凝土地面上，应采取可靠的防滑措施。在作业开始前，班组长或监护人应对卡凳放置是否牢固做认真的检查。对未采取防滑措施的，不能工作。

106. 随意移动孔洞盖板，坠落伤身

【举例】 有的作业人员为了图省事，移开孔洞盖板抛扔垃圾。当两人相向抬起盖板移动，后面的人一脚踩空，从孔洞坠落。

【纠正方法】 教育职工严守安全工作规程，孔洞盖板等安全设施不准随意移动，如工作需要移开孔洞盖板，必须专人监护，作业结束立即予以恢复。严禁从孔洞抛扔垃圾等物。

107. 从井架外侧攀爬上下

【举例】 在烟囱水塔施工时，有的作业人员不在烟囱水塔内侧上下，而是从外侧的井架上攀爬，因体力不支失手坠落。

【纠正方法】 应教育所有作业人员明确，必须在烟囱水塔内侧的通道上上、下，决不允许从外侧攀爬，发现有从外侧攀爬者，应立即纠正并严厉处罚。

108. 非起重人员从事起重作业

【举例】 在施工现场，有的负责人让非起重工捆绑绳索，因捆绑不牢或方法有误而导致事故。

【纠正方法】 教育职工：严禁非起重人员从事起重作业，非起重工对违章指挥行为应拒绝。司机对非起重人员从事起重作业应拒绝执行。

109. 非电工接引电源

【举例】 有的工人不是电工，却去接移动式电源箱的电源。因为不懂电的基本知识，误将黑色接地线接在A相火线上，使电源箱外壳带电。当其用手去扶电源箱时，当即触电倒下。

【纠正方法】 所有的职工都应明确，严禁非电工接电源。发现非电工接电源时，应立即制止，并给予批评教育和处罚。

110. 拆除闭锁装置，误触高压电身亡

【举例】 在挂电缆牌中，工作人员擅自拆下母线室开关盘的闭锁装置，打开盘的后门，用喊话和敲击电缆孔的方法进行联系。头部伸入盘内，误碰高压电触电身亡。

【纠正方法】 应明确：严禁擅自打开盘的闭锁装置，更不允许用高压开关盘内电缆孔作联系通道。发现擅自打开闭锁装置的现象，应立即纠正，从严处罚，以防意外。

当心触电

111. 从自己头上往身后递焊枪

【举例】 在工作平台上施焊，有的焊工从自己头上往身后递焊枪，另一焊工接拿电焊枪的根部，恰巧电焊枪根部漏电，造成触电事故。

【纠正方法】 应了解：必须用正确的姿势传递焊枪，严禁在身后传递。使用前，认真检查焊枪是否良好，对有缺陷的应停止使用。

112. 不采取安全措施，在带电线路下方穿越放线

【举例】 某工区在带电线路下方穿越放线，未采取可靠的安全措施。放线时，联板通过铁塔滑车张力瞬间增大，导线弛度迅速上升，上方的带电线路两次放电，将牵引机操作人员击伤。

【纠正方法】 应讲清楚：如必须在带电线路下方穿越放线，必须采取万无一失的安全措施，防止导线弛度上升，确保万无一失。

113. 擅自将非安全电压照明移入炉膛

【举例】 某班在炉膛内作业时，一名工人把设置在走台上电压为 220V 的 450W 照明灯拽进炉膛，挂在人孔门旁。当班作业结束，一名工人从人孔门往外爬时，不小心身体把水银灯泡挤碎，右大腿前侧触在灯丝上触电。

【纠正方法】 应教育工人明确：110V 以上照明灯悬挂高度在 2.5m 以上，禁止带电移动和作行灯用。炉膛内作业必须使用安全电压照明灯。对违反上述规定的，应立即纠正，并严肃处理。

当心触电

114. 在带电线路内侧拆除越线架

【举例】 在拆除越线架时，某班工人站在带电线路内侧，左手触碰到66kV带电线路触电。

【纠正方法】 应了解、带电拆除越线架，作业人员须站在带电线路外侧，还应采取专人监护措施。对在带电线路内侧拆除越线架的作业者，应立即纠正，防止发生意外。

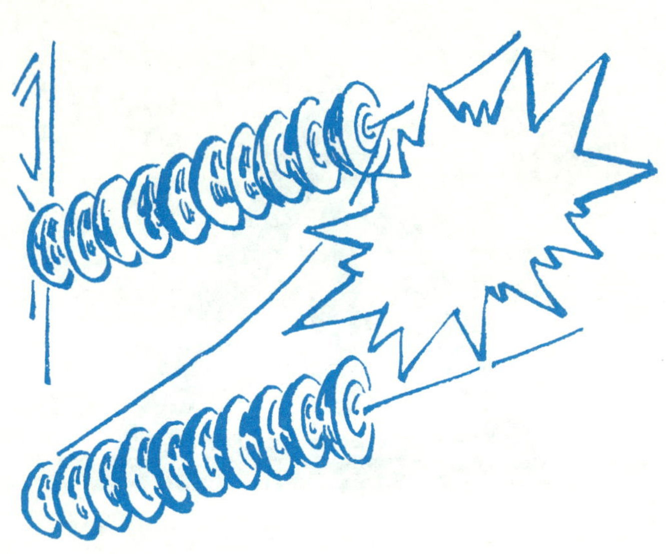

115. 没得到指挥信号，卷扬机司机擅自松开溜绳

【举例】 在更换高压门架吊车主钩钢丝绳时，卷扬机司机在没有得到吊车上部指挥信号的情况下，误以为上部已经固定好，便自行决定松开溜绳，使主绳突然溜绳，并带动防止溜绳的钢丝绳急速弹起，将一名工人弹伤。

【纠正方法】 在作业中，必须听从指挥，按要求操作，绝不能自以为是，盲目操作。

血的代价

116. 起吊时超重吊装

【举例】 某起重班在组塔施工中，吊重为5.9t，超重吊载7.2t重物。当吊物接近就位时，左侧横担刮在曲臂上端主材和背铁上。横担一颤，随即下落，将抱杆上拉线和磨绳冲断。

【纠正方法】 在起吊作业中，严禁超载超重吊装，如发现超载超重吊装的现象，应立即纠正并严肃处理。

117. 高处抛物，不计后果

【举例】 某吊车司机在高处清扫吊车轨道时，发现跑车走台上有2根槽钢（14mm×6.5mm，长5m，重40kg），就随手往17.5m平台扔去。第一根槽钢落在了平台上，第二根槽钢被弹出到地面，将正在作业的一名工人击中致死。

【纠正方法】 所有人员都应明确，严禁从高处抛物，发现有抛物的现象，应立即制止。

吊车高处随意扔槽钢伤人

118. 高处作业时，传运跳板不系安全绳

【举例】 在炉膛内搭设脚手架，一名工人站在46.6m高处，由1/9轴走台往1/10轴方向传运跳板。由于方法不当，跳板未用绳索拴系，另一名工人在接时跳板滑落，将零米地面一名工人击伤。

【纠正方法】 应该明确：高处传运跳板必须用绳索系牢。发现高处作业传运跳板未系安全绳的，应立即纠正。

必须系安全绳

119. 在高处不设保护措施即用钢筋冲砖

【举例】 一名作业人员在56m高处处理混凝土柱上沾的10余块红砖，他拿起一根螺纹钢筋冲击砖块。几块砖同时被冲掉，与各层脚手架、平台等碰击后散落下去，把地面上作业的一名女工击伤导致死亡。

【纠正方法】 高处作业可能导致落物时，必须设置隔离保护措施，防止坠物伤人，对不设保护措施的违章蛮干者，应立即制止并从严惩处。

120. 在高处随意往下扔滑车

【举例】 某班在塔上作业，有个工人大声喊叫："扔滑车啦。"把摘下的滑车随手向下面扔去，正好打在一名工人的头部，安全帽破裂，颅骨骨折。

【纠正方法】 应明确：塔上作业时，严禁向下抛扔物件，传递物件应用绳索捆系牢固。对欲从塔上扔掷物件的工人，应及时劝止，应用绳索系牢后，往下滑送。

安全帽也怕重物砸

121. 高处传递物件不系牢

【举例】 在安装铁塔附件时，一名作业人员往下松双钩紧线器，同时用小绳的另一端把防震锤带上去。由于小绳未系牢，双钩紧线器落地后，防震锤坠下，砸在这名工人脚上。

【纠正方法】 应明确，用小绳传递物件时，必须把绳扣系牢。系绳扣时，应认真检查物件是否捆绑牢固。

122. 储料斗整体组合时，随意割掉斜撑杆

【举例】 某班工人对储料斗进行整体组合时，费了很大劲，两侧立板仍与底板两边相差较大。他们认为这是因为拉筋和斜撑杆的作用，使侧立板不能到位。于是，就用火焊将2根直拉筋和6根斜撑杆全部割掉。结果，在移动时，两侧立板倒塌，将一名作业人员压伤。

【纠正方法】 应了解直拉筋和斜撑杆是防止倾斜坍塌等失稳作用的，不能随意割掉。如果它们确实妨碍就位，应报告工程技术人员调整作业方案并采取可靠的防止失稳措施。

123. 用绳索溜放木脚手杆时，大头朝下绑扎不当

【举例】 某施工现场用小绳溜放一根10余米长的木脚手杆时，让脚手杆大头朝下，因绑扎方法不当，绳扣逐渐移向小头松脱以致无法控制，使脚手杆从20m高处掉下，将下面收拾工具的人员砸伤。

【纠正方法】 应明确：在无可靠安全措施时，严禁在重物垂直下方作业。绑扎长细木脚手杆时绳扣应绑扎两点以上。两头直径不同的杆件，绳扣中心应靠近大头一侧，使小头先下，以防绳套脱开。系完绳扣后，要认真检查是否牢固，不合格的，应重新系好。

124. 在高处作业下方站立或行走

【举例】 在安装铁塔防震锤时，一名作业负责人在地面行走，防震锤突然下落，砸在他的安全帽上，导致头部伤害。

【纠正方法】 安全工作规程规定：高处作业时，下方不得有人站立或行走。作业人员应互相监督，对违反规定，在高处作业下方站立或行走者，及时劝阻。

禁止通行

125. 不抬高矫正机头换用厚尺寸的压铁

【举例】 在用矫正机冷压铁塔连接板件时，工作人员不将机头抬高，便将一块长 300mm、厚 60mm 的铁件往机头里面送去。只伸进 30mm 时，机头下落，将垫铁和被压件同时压偏挤飞，垫铁将作业人员眼部击伤。

【纠正方法】 应讲清楚：换用厚尺寸的压铁，必须将机头调高，并比试适当后才能施压。对违章操作者，应及时发现和纠正。

无“颜”以对

126. 由于好奇，钻入风扇磨

【举例】 有一名工人在停运检修的风扇磨旁休息。看着风扇磨，心想那里面一定很好玩，便爬进风扇磨里，脚蹬风扇玩了起来，结果被风轮挤伤。

【纠正方法】 应讲清楚：严禁任何人擅自进入风扇磨内。发现欲进风扇磨内玩耍者，应立即加以制止。

127. 非信号人员操作电梯信号

【举例】 在冷却塔施工中，有一名工人进入塔上电梯信号房，见信号员打水离开，擅自操作电梯信号。这时，听到要电梯的信号铃响，他见电梯里没人，就回了信号。电梯迅速下降，把一名正在从电梯走出的工人挤伤。

【纠正方法】 必须明确，严禁非信号员操作电梯信号。信号员不得把电梯交非信号员使用，非信号人员应自觉遵守规定，不得擅自操作，对信号员托付使用的，应予以拒绝。发现非信号员操作电梯信号的，应严肃批评教育和处罚。

128. 不将电源断掉即抠离心机残存锌渣

【举例】 某工人在镀锌离心机旁，用撬棍撬机内残存的锌渣。用手去摘折叶穿杆时，将脚闸拉簧碰掉，离合器被合上，离心机运转起来，又将他手拿的撬棍卷起，打在右小臂上，造成骨折。

【纠正方法】 作业开始前应先检查电源是否断开，断开电源后，方准清理机内残存物。应加强监督，对设备停运而未断开电源即开始作业的，要立即纠正，并进行严肃的批评教育或处罚。

129. 铣床作业时，立铣不设安全罩

【举例】 某工人使用立式单轴木工铣床裁木板时，左手在前，右手在后。木板被裁剩 30mm 时，突然凹刀，右手指伸进铣刀内被绞掉。

【纠正方法】 应明确，立铣应设安全罩，方能进行工作。要严格检查，对立铣不设安全罩即进行工作的现象，应立即纠正，并设置安全罩。

130. 输煤机运转中，往皮带辊上抹皮带膏

【举例】 某工人发现输煤机皮带与皮带辊打滑时，就用戴手套的右手拿起皮带膏，以顺时针方向往皮带辊上抹。由于机械转动惯性，将其右手和右上肢一起卷入皮带辊，挤压成粉碎性骨折。

【纠正方法】 必须明确：在机械运转中，严禁抹皮带膏。应加强监督检查，对不遵守规定的，及时纠正并予以处罚。

131. 在运转的卷扬机旁逗留

【举例】 某起重工手拿撬棍准备撬车皮超高的装载物，没打招呼便来到正在运转的卷扬机旁。司机看到卷扬机旁边有人，连忙关闭卷扬机，但卷扬机仍在作惯性运转，将那名起重工刮倒，造成腰部伤害。

【纠正方法】 应明确：在卷扬机械运转期间，周围不得站人。如果需要在卷扬机旁工作，应打招呼，让司机把机械关掉后，方可近前。

禁止停留

132. 用汽油刷洗发动机时，不切断电瓶电源

【举例】 某司机端着汽油盆进入驾驶室清洗发动机。由于没有事先切断电源，用钢刷蘸汽油进行清洗时，突然爆燃起火。

【纠正方法】 应对司机进行安全防火教育，在清洗发动机时，必须首先切断电源，摘开电瓶线，以防火患。发现不切断电源用汽油清洗发动机的，应立即制止，给予批评教育和处罚。

不切断电源，用汽油刷车

133. 把没有熄灭的烟头扔进吊车驾驶室

【举例】 某吊车司机下班前，把没有熄灭的烟头扔进驾驶室里。借助风力，这根烟头点燃了油布、棉纱等物。火又从窗口和各缝隙间窜出，引燃设备，造成设备置场一片火海。

【纠正方法】 应经常进行防火安全教育，使每个职工严格遵守“施工重地、严禁烟火”的规定，不准在施工场所吸烟。对违反规定吸烟或扔烟头者，给予严厉处罚。

134. 照明灯距离易燃物过近

【举例】 某工地用一间板房做仓房，放置施工使用的工器具、材料和抹布等，并在屋顶板上设一盏照明灯。一名工人进仓房取工具后忘记关灯，致使照明灯释放的热度烤燃了距离很近的一批抹布而起火。

【纠正方法】 应明确：照明灯距离易燃物不能过近；否则容易把易燃物烤燃。对屋顶照明灯，应经常进行检查，看是否处于安全状态。

135. 从事切割作业之前，不清理现场

【举例】 某钳工班工人到厂房内切割钢筋，未清理现场，掉落的铁屑和火花溅到附近的一堆木屑上，引起火灾。

【纠正方法】 应对职工加强危险意识教育，从事切割作业之前，应首先清理现场，清除作业环境中的不安全因素。对不清理现场即从事切割的工人，应立即劝阻停止工作并予以处罚。

星星之火，可以……

136. 擅自销毁爆炸物品

【举例】 某工区爆炸杆塔基础作业结束后，还剩一支雷管。一名工人欲将其处理掉，他从别人手中拿过正在燃烧的导火线，误将燃烧的一头插入雷管，当即引爆，将其右手三个指头各炸断一节。

【纠正方法】 应明确：个人不得擅自处理销毁爆炸物品，对违反规定、擅自处理销毁爆炸物品的，应进行严肃的批评教育和处罚。

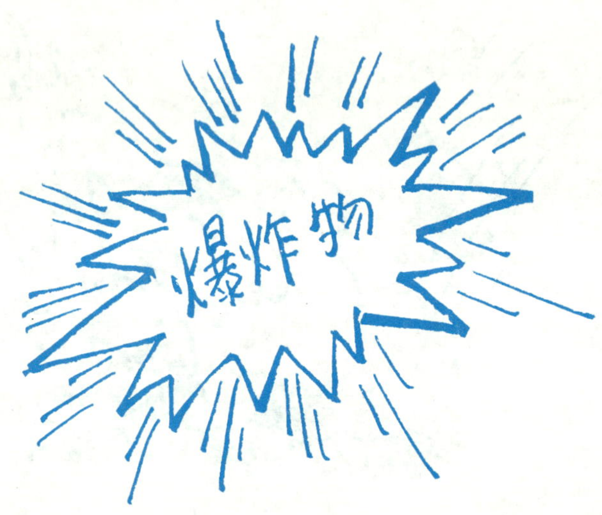

137. 透视工作不拉警戒绳，不挂警告牌

【举例】 某热电厂工人做全屏探伤透视时，不挂警告牌，不设围栏，也不进行监护，结果射源被一名工人拿走，又扔进垃圾箱里，使9人受到不同程度的辐射伤害。

【纠正方法】 应明确在金属探伤透视工作中，必须严格采取设围栏、挂警告牌、封闭现场等措施，同时加强监控。对不遵守上述规定的，应严加处罚。还应宣传射源射线防护知识，任何人都不得随意进入探伤透视危险区域和拾拣射源等危险品。

当心电离辐射

138. 阀门不严漏水，往乙炔罐内填放电石

【举例】 某工人发现乙炔发生器水门关闭不严漏水，就用铜撮撮一些碎电石放进乙炔罐里。就在一瞬间，罐内产生的乙炔气体发生爆炸，这名工人被爆炸气体抛出 2m 多远，身体被严重烧伤。

【纠正方法】 应该明确：当发现阀门不严漏水时，应进行检修，不能往乙炔罐内填充碎电石。因为倒入碎电石会产生乙炔气体，与空气混合即会引起爆炸。应加强监护，对违反规定者，应及时制止并给予相应的处罚。

139. 随意使用非起重工具进行起重作业

【举例】 某厂移位卸煤机平台时，作业人员没经过加固，即用两台导链将平台吊起。搬移过程中，一工人从卸煤机铁门未装闭锁装置处撑出身子，既没停车，也没注意到身后不到半米处就是牛腿。行至牛腿上部水泥垛子时，他的头部被挤撞死亡。

【纠正方法】 应讲清楚：随意使用非起重工具进行起重作业存在的危险。严禁使用非起重工具进行起重。发现使用非起重工具进行起重的，应及时劝止。确需使用非起重工具起重的，应经过批准并采取稳妥的安全措施。

无题

140. 随意跨越停用的输煤皮带

【举例】 某厂堆取料机司机在清扫时，跨越停用的输煤皮带。这时，皮带突然启动，以3.2m/s的速度，把他向前运行了130m。在离落煤斗还有7m时，他从皮带上扑向地面，使第七胸椎骨折。

【纠正方法】 应讲清楚：随意跨越停用的输煤皮带存在的危险，不论皮带是否运行，都应从通行桥上通行。对随意跨越停用的输煤皮带的，应及时劝阻。

141. 约定手势作指挥信号

【举例】 某厂在输煤皮带更新作业时，班长找到皮带值班员，交代说：看我的手势，手臂划圈为开，举手正常开，放手停车。当他在另一地点向一名工人交代工作时，用手向上指点。值班员误以为是下开车令，便通知运行人员将皮带开动，把在连接皮带上的一名工人带入拉紧滚筒挤伤。

【纠正方法】 应讲清楚：用约定手势作指挥信号存在的危险，指挥时，必须使用旗语和口哨作信号。对约定用手势作指挥信号的，应劝其改正并严厉处罚。所有的工人，都有权拒绝用约定手势指挥。

指挥用旗语作信号

142. 上煤口煤层超高，到铁箅上捅煤

【举例】 某发电厂上煤口处的煤层高度达2.5m，东北角煤堆达9m，坑口附近达2.7m，两名工人一起到铁箅子上捅煤，突然积煤塌落，工人被埋进煤堆。

【纠正方法】 应讲清楚：堵煤时，如上煤口煤层超过1.5m，严禁到铁箅子上去捅煤。清除堵煤，应采用抓吊、推土机等。如发现到铁箅子去捅煤的，应立即劝阻。

143. 钻到运行中的皮带下部架构内清理积煤

【举例】 某发电厂清理现场时，一名工人钻到运行的皮带下部架构内清理积煤。该处空间狭小，上面是皮带，侧面是滚筒，他撮煤时不慎被皮带带入弦力滚筒与皮带之间，挤伤死亡。

【纠正方法】 应讲清楚：钻到运行中的皮带下部架构内清理积煤存在的危险，严禁钻到运行中的皮带下部架构内清理积煤。对欲钻到运行中皮带下部架构内清煤的，应立即劝阻。

144. 车辆连挂前不检查车下及各节车辆之间是否有人

【举例】 某发电厂卸煤时，未对车下及各车辆之间进行检查便进行车辆连挂。由于连挂的冲力过大，将停留的车辆撞走 4m 远，将停留在煤车第二节车底下清道眼的两名工人压伤。

【纠正方法】 应讲清楚：煤车摘钩、挂钩或启动前，必须由调车员查明车下及各节车辆之间确已无人，才可发令操作。对忽视检查即下令操作的，应及时制止。

145. 高悬空间处所不设防护措施

【举例】 某发电厂锅炉通风机室木板门外是高悬空间，既没有平台和栏杆，门也未上锁，并无警告标志。炉上作业人员回地面休息等吃午饭时，一名工人进入通风机室解手，当推开木板门时，失足从53m高处坠落死亡。

【纠正方法】 应讲清楚：高悬空间处所存在的危险，让所有人都提高警惕，高悬空间处应设栏杆，门上锁，并悬挂警告标志。应及时检查高悬空间处所的安全情况，加设安全可靠的防护措施。

146. 从车厢两钩间穿行

【举例】 某发电厂一名工人为走近道，在钩距不到1m的第八、九节车厢两钩间穿行。恰巧在此时翻车机排空车，使停留的空车冲撞车辆移动，把他挤伤致死。

【纠正方法】 应讲清楚：从车厢两钩间穿行存在的危险，严禁从车厢两钩间穿行。现场设置“随时动车、严禁穿越”的警告牌。调度员下达排空车令时，应检查有无人员穿行，并应采取封闭措施以防意外。

147. 不检查附近是否有人即开动卸煤机

【举例】 某发电厂在卸煤时，一名班长从第五节车厢梯子登上与卸煤机焊为一体的检修平台，告诉司机：使用一个绞笼，慢点卸。司机说，我知道了，你下去吧。但这名班长仍在平台上，司机开动卸煤机经过煤棚钢柱子时，站在平台上的那名班长头部与钢梁角铁相撞，从2.7m高平台落下致伤。

【纠正方法】 应讲清楚：站在运行的卸煤机平台上存在的危险，不得随意登上卸煤机。司机应加强检查瞭望，在确认附近无人和障碍物时方可启动卸煤机。

148. 进入叶轮内盘车

【举例】 某发电厂盘风扇磨叶轮时，一名工人进入风扇叶轮里面，脚踩叶轮盘车。他用力蹬踏，速度越来越快，头被挤在叶轮与护钩之间。

【纠正方法】 应讲清楚：在盘车时，必须站在地面上搬动前盘，严禁进入叶轮内盘车。对进入叶轮内盘车的，应及时制止纠正。

无题

149. 未做超压试验即校验高压除氧器安全门

【举例】 某发电厂进行高压除氧器安全门定期校验时，未做超压试验，致使作业中因水箱检修时挖补的焊口破裂，汽水喷出，将三名试验人员烫伤。

【纠正方法】 应讲清楚：不做超压试验而校验高压除氧器安全门存在的危险。校验高压除氧器安全门应经过审批，先做超压试验、后校验。对违反规定的，作业人员有权拒绝作业。

150. 未放水和“消压”即进行“高加”热态检漏

【举例】 某发电厂在进行“高加”铜管检漏时，没有按工作票要求进行“高加”消压。当最后拆卸密封环后，用铜棒敲震密封座时，器内所存热水突然把密封座顶起喷出，将四名作业人员烫伤。

【纠正方法】 应讲清楚：“高加”热态检漏工作不消压存在的危险，必须按工作票的要求进行，对水侧进行放水和消压。对违反工作票要求、不消压即进行检漏的，应及时制止并进行严肃的批评教育和处罚。

151. 带压力紧固罐车人孔盖螺丝

【举例】 某厂化学检修班用压缩空气卸碱罐车。当发现人孔盖漏气时，便到罐车上带压紧螺丝，作业中，人孔盖因螺栓滑扣而崩开，操作人员被气浪掀起摔跌在站台上。

【纠正方法】 应讲清楚：带压紧人孔盖螺丝存在的危险，严禁带压紧人孔盖螺丝，采用压缩空气卸车时，还应有防止超压的技术装置。对带压力松紧人孔盖螺丝的行为，应及时纠正。

152. 酒后开车

【举例】 某局装表班乘坐汽车去市郊作业。午饭时，司机喝白酒二两，啤酒两瓶。饭后稍事休息开车回局。途中，司机酒性发作，当车速升到80～100km/h时，撞到路边树上。

【纠正方法】 应讲清楚：酒后驾车的危险性，司机应严禁酒后驾车，同车作业人员见司机驾车前饮酒应及时劝阻。

酒力

153. 带电拆除试验线夹

【举例】 某工人在拆除电能表试验用的线夹时，未将电源开关断开就去拆线，当用左手握住B相线夹，右手去拆C相线夹，不慎碰到线夹前的金属部分触电。

【纠正方法】 应讲清楚：带电拆除试验线夹存在的危险，严格执行在工作结束后要断开电源及不得带电拆除试验线夹的规定。对违章带电拆除试验线夹的，应立即制止并严肃处罚。

154. 在吊物摆动范围内剪断障碍致伤

【举例】 某现场起吊钢管时，吊物下面被装车使用的钢筋拉住，吊车起吊后发生颤动。一名工人钻入车厢板与起吊的钢管隙中，用断线钳剪断这根钢筋。失稳的钢管立即向他摆去，使其严重撞伤。

【纠正方法】 应讲清楚：位于摆角范围内剪断障碍物存在的危险，严禁在摆角范围内剪断障碍物，对违章操作者，应及时进行纠正。必要时，把起重物落下剪断障碍物。

155. 不关闭挡板、调整门即进行炉膛检修

【举例】 某发电厂在锅炉炉膛检修时，磨煤机虽已停运，但未关闭挡板、调整门，致使炉膛仍产生正压，高温烟气从排粉机处喷出，将三名工人烫伤。

【纠正方法】 应讲清楚：检修锅炉炉膛不关闭挡板、调整门存在的危险。在检修时，应将相应的挡板、调整门关闭，使检修人员与危险因素隔离。严格检查，不关闭挡板、调整门的，不能进行炉膛检修。

156. 放煤粉与明火作业同时进行

【举例】 某发电厂工人在给煤粉平台上取煤仓漂子工作时，平台下面有几名工人正在焊接原煤斗。煤粉堆到一定高度后，开始下滑，落到焊接工作地点，引起爆燃。

【纠正方法】 应讲清楚：放煤粉与明火作业同时进行存在的危险，在放煤粉之前，应严格检查停止明火作业。

157. 检查不认真，误登带电设备

【举例】 某供电分公司在清扫主变压器回路中，一名工人原准备向1号主变压器搬动扶梯，却放在2号主变压器带电侧，登梯清扫时两手触电被严重灼伤。

【纠正方法】 停电作业时，应对作业现场进行认真检查，核对设备名称、号码及色标，核对、查看设备的排序，并设围栏予以封闭，确实明确作业地点及设备方可作业。同时监护人应加强监护，防止作业人员误登带电设备感电致伤。

158. 用没穿均压鞋的脚去钩绳

【举例】 某带电班在塔上带电连接空载线路引线时，当引线下落至与有电导线一定距离时，绳卡在滑车中，线不能继续下落。等电位电工用没有穿均压鞋的右脚去钩绳子，导致右脚对消弧设备金属部分放电。

【纠正方法】 应讲清楚：用没穿均压鞋的脚去钩绳存在的危险，带电作业必须穿均压鞋。在作业中，严禁同时接触未接通或已解开的两个接头。

159. 签发违章冒险的施工方法的工作票

【举例】 某供电公司在更换变压器台二次大梁、台板和装二次开关作业前，工作票签发人竟确定利用本身变压器台电源，到现场钻孔，又许可多次送电。致使在送电后坐在变压器台休息的一名工人，误触带电的避雷器引线端子而死亡。

【纠正方法】 应认清楚：工作票对保护作业安全的重要性。在签发工作票时，所确定的施工方法应科学合理并符合安全规程的要求。对签发违章冒险施工方法的工作票，作业人员有权加以拒绝。

160. 监护人从事其他工作，监护失职

【举例】 某班在一次检修线路收尾工作时，监护人忙于地面其他工作，放弃了监护职责。恰在此时，一名作业人员误登带电设备，头部碰到高压引流线触电。

【纠正方法】 应教育监护人员认清监护工作的重要职责，必须集中精力、恪尽职守地从事监护工作，不能做其他工作。对从事其他工作的监护人应及时提醒和劝阻，并给予适当的处罚。

161. 监护人暂离作业现场未指定临时接替人

【举例】 某变电站在一次检修时，监护人被指派去库房取绝缘杆，临走时，监护人分派了工作，没有指派临时监护人。致使一名工人送扳手返回时，误登有电的主变压器二次开关A相触电坠地。

【纠正方法】 应认清监护人暂离作业现场不指定临时接替人存在的危险。监护人必须始终在工作现场，因工作需要暂时离开现场时，应指定能够胜任的人员临时接替，电气作业没有指定监护人的，应停止作业。

162. 不带工作票盲目作业

【举例】 一次，在清扫10kV配电变压器台时，工作负责人不带已签发的工作票进入现场，不验电就在高压母线上挂了一组短路接地线，又手拿抹布，从高压侧登上去，双手攥着变压器高压侧A、B相套管，使前胸起火，从1.9m高的变压器台上摔下。

【纠正方法】 应明确：工作票是电气作业的行动指南，也是保障安全的重要措施。在作业开始前，工作负责人应宣读工作票及安全措施，并按工作票的要求进行作业。对不带工作票即展开工作的，工人有权拒绝作业。

163. 安全带弹簧卡扣误扣在衣服上

【举例】 某供电公司停电线路检修时，一名工人身系安全带站在横担处，拿起验电器转身准备验电时，突然双手一松，从9.8m处坠落，掉在山芋田里。安全带为什么不起作用？经验证，他的安全带卡扣弹簧不在卡环里，而误扣在衣服上。

【纠正方法】 应讲清楚：误扣安全带弹簧卡扣存在的危险，安全带弹簧卡扣应扣在卡环里。系完安全带后，应认真进行检查，看是否处于安全可靠的状态。

164. 不采取防倾倒措施即登杆作业

【举例】 某班在拆绝缘子绑线撤杆时，杆基靠山下侧挖了一条沟。在未采取防倾倒措施的情况下，一名工人即上杆作业，致使杆倾倒，造成人身伤害。

【纠正方法】 应讲清楚：不采取防倾倒措施即登杆作业的危害。登杆作业前，必须认真检查杆根是否稳固，如果不稳固，应采取防倾倒安全措施。

165. 新立电杆未牢固便攀登作业

【举例】 某安装公司在安装10kV用户线路时，用挖土机仅挖1.1m深，便开始立杆，之后在杆根覆盖0.7m厚的土石。然后，装设长2.2m的对横担四根，四人在上面作业。新立杆忽然倾倒，四人坠落受伤。

【纠正方法】 应讲清楚：新立电杆未牢固便攀登作业存在的危险，新立电杆未牢固前严禁攀登。新立电杆埋设深度应符合安全规程规定。对新立电杆未牢固便欲攀登的，应及时制止。

血的教训

166. 带电部位不设明显警告标志

【举例】 某继电班在油断路器柜内工作时，工作票虽然写明“630 甲油断路器一侧带电”，但 630 甲油断路器一侧没设警告标志，一名作业人员忘记了 630 甲油断路器一侧带电，打开网门，在拆装开关柜前继电器外壳时，右腿膝盖感电。

【纠正方法】 应讲清楚：带电部位不设明显警告标志存在的危险，带电部位必须设明显的警告标志。

167. 冒险在T型单梁上行走

【举例】 某发电厂工程现场在锅炉安装过程中，一名工人为其他小组人员递送梅花扳手，为走捷径，冒险在T型单梁（宽160mm）上行走，不慎坠落于地面。

【纠正方法】 应讲清楚：在单梁上行走存在的危险，严禁在单梁上行走。高处作业人员必须系好安全带。对欲在单梁上行走的，应立即劝阻。

168. 电动机具带病工作

【举例】 某公司土建队在浇注混凝土时，对电动机具缺乏检查和维修。一名工人移动电动振捣器，左手正好抓在电源线接头裸露处，感电。

【纠正方法】 应讲清楚：电动机具电源接头裸露存在的危险。作业前，应认真检查电动机具及电源，该维修的维修，防止隐患引发事故，对带病的电动机具不得使用。

169. 非电工冒险移动电源盘

【举例】 某公司搭设电锯操作间时，需对场地进行清理。现场恰有一块碍事的闲置的电源盘需要转移。一名工人（非电工）误认为电源盘无电，用铁剪子剪电源盘一次电缆，当即触电身亡。

【纠正方法】 应讲清楚：非电工移动电源盘的危险，不论有电无电，严禁非电工移动电气设备。对非电工冒险移动电源设备的，应立即劝止并从严处罚。

非电工移动电源盘

170. 与带电部位安全距离小

【举例】 某公司在放线跨越施工中，与邻近的带电导线只有1.5m的距离（按规定应大于3m）。当牵引联板通过放线滑车时，联板将悬垂串拉斜扬起引起跳动，使牵绳与带电导线发生瞬间放电，三名工人被电击倒，还造成邻近的带电导线停电40min。

【纠正方法】 应讲清楚：与带电部位安全距离小存在的危险。作业时，与带电部位的安全距离必须保持在安全规程规定的范围内。作业前，应认真检查和测量安全距离是否合适。

171. 氧气带绑扎不紧，作业者被灼伤

【举例】 某公司一名钳工在复水器内用火焊切割疏水管道。当管子烤红时，氧气带从割把脱落到脚上。他把氧气带重新绑好后，点燃割把继续工作。时间不长，已经进入氧气的裤腿开始着火，作业者被灼伤。

【纠正方法】 应讲清楚：氧气带绑扎不紧存在的危险。在切割作业前应认真检查，牢固绑扎氧气带，防止脱落溢出氧气。氧气泄漏应停止明火作业并采取防范措施。

172. 使用滚杆运送物件时上面坐人

【举例】 某班在铁路轨道上用滚杆推运槽钢组合件时，一名工人坐在槽钢上，用左脚踩踏路轨蹬着走。滚杆突然掉轨，他往下跳时，右腿跌在槽钢与轨道之间被挤伤。

【纠正方法】 应讲清楚：使用滚杆运送物件时上面坐人存在的危险。使用滚杆运送物件时，只准在后推，严禁在前拉或上面坐人。对上面坐人的，应立即制止。

173. 吊件刚到位就贸然摘钩

【举例】 某公司在吊装除尘器出口烟罩盖板时，盖板到位就摘钩，两分钟后右侧卡头焊缝开裂脱落，左侧卡头焊缝也断裂，使盖板向下翻转，落到 15m 高处，将五名工人砸伤。

【纠正方法】 应讲清楚：吊件到位即贸然摘钩的危险。吊装的物件就位后，应检查是否稳固，确已牢固后方可摘钩，对不经检查吊物而贸然摘钩的，应及时劝阻并予以处罚。

174. 不经模拟预演即签发工作票

【举例】 某发电厂在一次6kV直配线停电操作中，填写工作票后，没在盘上模拟预演，班长、值长和主值就在上面签字。工作票有七处错误，导致操作中造成带地线合闸的机组停运事故。

【纠正方法】 应讲清楚：不经模拟预演即签发工作票存在的危险。填写工作票后，工作许可人、操作人、监护人应共同在模拟盘上预演，确认无误，由监护人在操作票末一项下加盖“以下空白”后，再由操作人、监护人、班长、值长等依次签名，然后，按工作票提出的操作方式和安全措施进行操作。

175. 地脚螺钉未拧紧即上塔解脱吊钩

【举例】 某公司在组塔时，当 29m 高的铁塔用吊车吊起就位后，八个地脚螺钉尚未拧紧，只有一个螺丝套上螺帽，一个工作人员便上铁塔解脱吊钩，吊钩刚解脱，铁塔随即倒下。

【纠正方法】 应讲清楚：地脚螺钉未拧紧即上塔解脱吊钩存在的危险。应将地脚螺钉拧紧，铁塔处于稳固状态后，方能上塔解脱吊钩。

176. 集体隐瞒事故

【举例】 某供电公司一变电所发生误操作事故，所长、副所长、党支部书记在一起研究决定先瞒住以后再说，又找当值人员谈："这次事故就你们几个知道为止，不能再扩大范围。"由于隐瞒事故，变电所年底骗取了供电公司和省公司系统先进单位的称号。后经举报被查处，除给予所长、副所长、党支部书记等人处分外，撤销了先进单位称号。

【纠正方法】 应讲清楚：隐瞒事故存在的危害性。事故发生后，应实事求是地向上级报告，及时分析，吸取教训，防止重复发生。对隐瞒不报的，应给予严肃处理。

177. 接受命令后不作复诵即操作

【举例】 某发电厂在将线路 656 号断路器断开作业中，一名工人接到命令后，不作复诵，就走到更衣箱处换衣服，然后在无人监护情况下，走向 66kV 变电站，误拉 636 东隔离开关。在拉隔离开关中发现有强烈的弧光，才发现拉错了。

【纠正方法】 应讲清楚：接受命令后不作复诵即操作存在的危险。在作业中，应执行唱票复诵制以明确任务，不得在无人监护下擅自操作。对不做复诵的，应及时纠正并严厉处罚。

178. 领导进入生产现场不穿戴工作服被烫伤

【举例】 某锅炉分厂党支部书记、主任得知炉冷灰斗上部堵灰后，没有穿工作服，只穿短裤、汗衫即赶到现场，这时，从灰口检查门喷出大量热灰，将其大腿和小腿烫伤。

【纠正方法】 进入生产现场不穿工作服随时存在着被伤害的危险，特别是单位领导更应带头严格执行有关穿戴工作服和安全帽的规定。不按规定穿戴工作服和安全帽的领导，不能进入生产现场。

179. 在存有汽油等易燃易爆场所明火照明

【举例】 某发电厂一名值长下到水泵室去检查设备和观察水位时，因照明灯离泵室地面较高，又忘带防爆手电筒，看不清水位，便划火柴照明，只听“轰”的一声，身旁的一小桶汽油产生爆燃，这名值长被严重烧伤。

【纠正方法】 应讲清楚：在存有汽油等易燃易爆场所明火照明的危险。在存有汽油等易燃易爆物品的场所，严禁明火照明。对明火照明的，应及时制止。

180. 火焊切割前不彻底清洗装有易燃品的物品

【举例】 某公司一名工人在用火焊切割盛装氯丁胶（黏合剂）的空铁筒时，没作彻底清洗，先用火点燃筒盖作试验，没点着，便去切割。作业中，筒里的残渣起火爆燃，一声巨响，将筒底崩离10多米远。

【纠正方法】 应讲清楚：火焊切割装过易燃易爆物品的物体之前，须对其进行彻底清洗，不能留有残渣。

易燃品的报复

181. 高处作业时物件不固定

【举例】 某工程队把除尘器顶部通向22m平台的铁梯切割完毕，放在3号与4号除尘器之间，但未进行固定。铁梯从除尘器顶部坠下，多人被砸伤。

【纠正方法】 应讲清楚：高处作业时物件不固定存在的危险。在高处作业时，切割的物件必须固定，以防坠落伤人。

182. 原煤仓上部不装箅子

【举例】 某发电厂一名工人在跨越锅炉原煤仓时，由于原煤仓上部未装箅子，这名工人掉入仓内被煤埋住。

【纠正方法】 应讲清楚：原煤仓上部不装箅子存在的危险。原煤仓上部应安装箅子，以免人员跨越时坠落。

183. 使用有缺陷的工器具

【举例】 某供电公司在接线路侧的引流线线夹时，由于没作检查，绝缘杆上部线夹顶丝退扣，卡的不紧，并且杆体太长，在操作中发生晃动，线夹脱离，使已带电的部分引流线对刀闸架构接地放电，造成停电事故。

【纠正方法】 应讲清楚：使用有缺陷的安全工器具存在的危险。作业前，应对工器具进行认真检查，有缺陷的工器具维修好后再使用。

184. 擅自操作、跳项操作导致线路停电事故

【举例】 某班作业中，在将各回线倒到母线时，室外操作人员未得到值班长命令，擅自操作，跳项操作，误把主变压器二次跌落式断路器拉开，造成五条线路跳闸停电。

【纠正方法】 应讲清楚：擅自操作和跳项操作存在的危险。严格按操作票要求，贯彻唱票、复诵和监护制度，杜绝误操作事故发生。

唱票 — 复诵 — 监护

185. 擅自进行开关开合试验

【举例】 在一次恢复送电操作中，一名工人发现开关嘴分闸不到位，没有认真核对设备标志，便认定它是母联开关，擅自进行开关开合试验，造成带地线合闸。

【纠正方法】 应讲清楚：擅自进行开关开合试验存在的危险，对操作票中没设试验开关的项目，严禁擅自操作。

186. 不采取封堵小动物的措施

【举例】 某发电厂因为未采取封堵小动物的措施，黄鼠狼窜入厂用母线室，爬上小车开关，造成短路跳闸。

【纠正方法】 应讲清楚：不采取封堵小动物措施存在的危害。应严格执行“反措”要求，对母线室、高压室等处严密封堵，严防小动物短路而造成事故。

187. 户外避雷器底座不留排水孔

【举例】 某变电站一避雷器底座置于混凝土基础上，但未留排水孔，底座存水，不能排出。在冬季，避雷器底座积水成冰，冻裂底座瓷套，使避雷器倾倒。

【纠正方法】 应讲清楚：户外避雷器底座不留排水孔存在的隐患与危险。在户外安装避雷器时，应在底座预留排水孔。

188. 电气设备不接地漏电

【举例】 某发电厂一名工人下到磨煤机油泵坑检查油压表。坑底有12cm深的积水，正在用潜水泵抽水。因未接接地线，潜水泵漏电，他触电摔倒在地面。

【纠正方法】 应讲清楚：电气设备不接接地线存在的危险。电气设备必须接地，没有接地的不能使用。

189. 谎报设备损坏真相，以延长检修时间

【举例】 某发电厂 4 号炉丙磨煤机对轮销子折断，需要检修。但在向上级调度申请报告中，却谎称“处理省煤器泄漏”，把抢修时间由 24h 变为 72h，后被发现，受到严肃处理。

【纠正方法】 应认清楚：谎报设备损坏、以延长检修时间的危害性。严禁谎报设备损害真相，求取延长检修时间的做法，应养成实事求是、一丝不苟的作风。

190. 擅自进入变电站干私活

【举例】 某班一名工人为拉直一根8号线私自把电瓶车开进变电站，将一根50m长的铁线一端固定在变电站，另一端捆扎在电瓶车尾部，由他指挥把8号线拉直。因拉力过大，铁线突然崩断，弹到110kV变电设备上，造成变电站设备接地跳闸。

【纠正方法】 应讲清楚：擅自进入变电站干私活存在的危险。应加强劳动纪律教育，严禁擅自进入变电站。对擅自进入变电站干私活的，应给予批评教育和处罚。

191. 接错电源相，用手触摸电气设备触电

【举例】 某工地接振捣器电源时，电工误将零线接在 380V 火线上。送电后，外壳带电，一名工人触碰振捣器感电。

【纠正方法】 应讲清楚：用手触碰电气设备存在的危险。无论是否有电，对电气设备一律视为有电，严禁用手触摸。电工应增强责任心和提高技术水平，防止接错电源相。

192. 随意从高处跳下

【举例】 某班负责更换66kV 线路横担。一名工人上杆时是踩踏板上去的。下杆时离地还有约3m 时，他往下一跳，造成左脚骨骨裂。

【纠正方法】 应讲清楚：随意从高处跳下存在的危险。高处作业上下，严禁往下跳，防止发生意外。

随意从高处往下跳的后果

193. 指挥斜拉吊物

【举例】 某公司工地副主任指挥吊运锅炉护板。吊车离护板距离较近，本应移动吊车再起吊，他却指挥吊杆成45°角，让吊车回钩，斜拉护板，造成吊车倾覆，一节吊杆弯曲。

【纠正方法】 应讲清楚：斜拉吊物存在的危险，作为工地领导更应带头执行安全规程，严禁斜拉吊物。对指挥斜拉吊物的，工人有权纠正或拒绝作业。

对话

194. 危险作业不挂警示牌

【举例】 在给厂区浴池蒸汽管道加装堵板时，一名工人关闭了汽门，却不挂警示牌。另一名工人接到厂里电话要求送汽，以为浴池里面无人就打开汽门。一股热气冲出，把那名正在作业的工人的脚烫伤。

【纠正方法】 应讲清楚：危险作业不挂警示牌存在的危险。从事危险作业之前，应悬挂警示牌或专人监护。加强安全监督检查，对危险作业不挂警示牌的，及时纠正并予以处罚。

不好了，忘挂警示牌了

195. 非指挥人员进行指挥

【举例】 某起重班在卸平车上的箱体时，吊钩碰到上层箱体的边缘，只好重新捆绑。这时，一名工人来到吊车前，见大家正在忙活，便跳上平车，连喊带比划，指挥司机继续绷绳。结果，发生溜绳，箱体被甩下来，他也随箱体摔到地面。

【纠正方法】 应讲清楚：非指挥人员进行指挥存在的危险，非指挥人员严禁指挥，对非指挥人员进行指挥的，应立即劝阻并给予相应处罚。

别出声，叫人家知道安全奖没了

196. 修理正在运行的起重机

【举例】 某厂龙门吊发生小故障，一名工人爬上龙门吊修理。他只顾作业，没有觉察龙门吊在缓缓移动。当龙门吊移动到10kV线路下时，突然弧光一闪，他当即触电休克。

【纠正方法】 应讲清楚：修理正在运行的起重机存在的危险。正在运行中的各式起重机，严禁进行调整或修理工作。同时，起重设备与带电线路（10kV）间距不应小于2m。

197. 非起重工绑系绳扣

【举例】 一次起吊刚性梁，指挥者让非起重工绑系绳扣，由于绳扣不规范，起吊中，防止刚性梁滑落的木方碰到滑轮折落，动滑轮下降600mm，将另一滑轮绑绳拉断，使动滑轮及走绳急剧下落，险些造成机毁人亡事故。

【纠正方法】 应讲清楚：让非起重工绑系绳扣存在的危险。在起吊作业中，严禁非起重工绑系绳扣。对非起重工绑系绳扣的，应及时制止并处罚。

安全可是头等大事

198. 作业时与他人闲谈

【举例】 某发电厂2号炉司炉在工作时，与他人闲谈，不去观察表计的变化。当发现炉膛负压突然增大后，未采取补救措施，导致锅炉灭火。

【纠正方法】 应讲清楚：工作时与他人闲谈的危害，要求工人严格遵守运行纪律，集中精力工作，严禁工作中与他人闲谈。

199. 焊口位置选在应力集中区

【举例】 某发电厂4号高压排汽管左侧，运行中突然发生爆裂，被迫紧急停机。其原因是在焊接时，焊口位置选在了弯头应力集中区。

【纠正方法】 应讲清楚：焊口位置选择在应力集中区存在的危险，焊口位置应避开应力集中区。

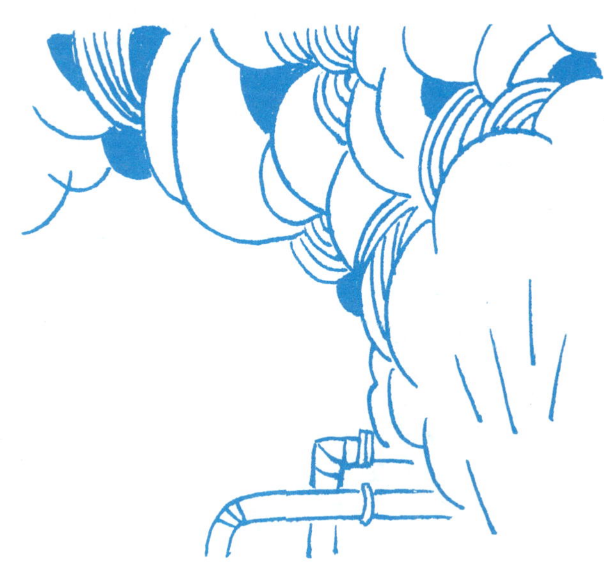

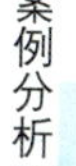

200. 随意加快滑停降温速度

【举例】 某发电厂停机进行检查。按规程规定滑停降温速度为 1～1.5℃/min，从调速汽门全开后降到气压 20kg/cm^2，气温 250℃，需 6h。但滑停降温中，达到 2.7～3.6℃/min，整个滑停仅用 2.5h，造成高压转子局部弯曲。

【纠正方法】 应讲清楚：随意加快滑停降温速度存在的危险，严格执行滑停降温速度规定。对违反滑停降温速度规定的，应及时纠正，避免造成设备损坏。

201. 阀门井内作业，竟用氧气通风驱烟

【举例】 某厂在近年内连续两次发生在阀门井内作业，工人随意用氧气通风驱烟，造成作业人员烧伤事故。

【纠正方法】 应讲清楚：在阀门井内作业时，用氧气通风驱烟易引起爆燃的后果，严禁阀门井内作业用氧气通风驱烟。

202. 胆大妄为，徒手摘跌落开关感电致伤

【举例】 某单位配电作业，现场管理无序，一名工人竟徒手摘跌落开关，感电致伤。不久，某公司再次发生工人徒手摘跌落开关感电伤害事故。

【纠正方法】 应教育职工严格执行“两票三制”，讲清徒手摘跌落开关的严重危害，加强监护，严禁违章操作，不得徒手摘跌落开关。

203. 变压器台作业，未拉开二次跌落式断路器，未将停电的高压引线接地，反送电造成感电死亡

【举例】 某公司配电作业，工作班成员只拉开高压跌落式断路器，没有拉开二次跌落式断路器，也没有在高低压两侧装设接地线，用户双电源反送电造成人身感电死亡事故。

【纠正方法】 教育工人严格执行“两票三制”，变压器台作业，不论线路是否停电，必须先拉开低压跌落式断路器，后拉开高压跌落式断路器，在停电的高压引线上接地。同时，要查清用户双电源，防止反送电造成感电事故。

204. 随意作业，擅自操作，导致误操作事故

【举例】 某供电公司近年来三次发生人员责任的带地线合开关误操作事故。共同原因是作业人员不认真执行操作票，随意作业，擅自操作。

【纠正方法】 教育职工认真遵守安全规程，严格执行操作票，杜绝随意作业、擅自操作行为。

注意安全

205. “反措”不落实，连续发生家猫、野猫导致的短路事故

【举例】 某单位在不到两个月的时间内，连续发生两次家猫、野猫等小动物进入高压母线室，造成母线短路停电事故。

【纠正方法】 反安全工作中的形式主义，认真落实“反措”要求，严格管理，采取有力措施，堵塞漏洞，深刻吸取教训，防患于未然。

206. 领导干部在现场发现工人违章不及时纠正

【举例】 某单位领导在现场巡视时，发现一名工人高处作业不系安全带，没有立即纠正，而是返回办公室后给安监部门打电话，让安监部门前去处理。安监人员赶赴现场途中，那名工人不慎从高处坠落致伤。

【纠正方法】 严肃指出：领导干部除了带头遵章之外，发现违章要及时制止并纠正。安全工作（纠正习惯性违章）人人有责，不只是安监一个部门的事。反违章没有旁观者和局外人。领导干部发现典型违章行为不立即制止本身就是严重的管理违章。

我们来迟了

207. 特种作业人员不持证上岗或非特种作业人员进行特种作业

【举例】 一些单位的特种作业人员没有做到持证上岗，有的单位以工作需要为借口，让非特种作业人员从事特种作业。

【纠正方法】 应明确：特种作业是易对人员和周围环境构成危险的作业，必须经过相关的安全技术培训并经考试合格者，方准从事特种作业。特种作业人员应携带特种作业证件，以备相关管理人员核查。对未持证人员应停止特种作业工作；对非特种作业人员从事特种作业的应立即制止，同时进行严肃的批评教育和处罚。

违章进行特种作业无异于自杀

208. 班组未按规定开展安全活动

【举例】 一些班组在“春、秋检”期间，借口工作忙，挤掉安全日活动时间，没有按照规定每周开展一次安全日活动。

【纠正方法】 加强教育和监督检查，让班组明确：安全日活动对提升职工安全意识和安全素质的重要性，安全日活动必须做到“雷打不动”，如确因工作影响，也要做到“可串不可占”。

注重安全教育培训，提高安全素质

209. 违规发包、分包工程，以包代管、以罚代管

【举例】 一些企业和单位在发承包工作中严重违规，不严格进行安全资质审查，实际素质与资质等级不符；有的签订生死合同；有的不进行入场前的安全教育培训并考试，不进行安全总交底；有的不进行施工全过程的动态监督，甚至以包代管，以罚代管，致使承包单位或分包单位事故频发，导致负面效应。

【纠正方法】 按照相关规定，严格资质审查，签订安全生产管理协议，明确双方安全责任。工程开工前发包方必须对承包方或分包方进行安全总交底和安全技术交底并考试合格；对有可能发生触电、坠落、火灾等危险的特殊作业，应进行专门的安全技术交底；要指定专门的监护人，对施工全过程进行动态监督，杜绝以包代管，以罚代管，要施行人性化管理，切实防止外包或分包事故。

210. 防误闭锁装置的万能钥匙管理不符合规定

【举例】 一些变电站严重违规，对防误闭锁装置的万能钥匙管理不严，没有装箱铅封并加盖生技和安监部门公章。有的没有设置万能钥匙解锁使用登记簿；有的不经过有关部门和领导批准，随意解锁，一年内解锁66次；甚至有的变电站站长把万能钥匙和汽车钥匙放在一起，挂在腰间。

【纠正方法】 要严格加强万能钥匙管理，要专门按规存放。万能钥匙不能随意动用，动用万能钥匙必须经过相关部门和有关领导批准。严肃明确：变电站防误闭锁装置不能随意解锁或经常解锁。平时万能钥匙应放在专门地点并封存，不得个人保管或挂在腰间。

违章不除，事故难绝

211. 设计、采购、施工、验收未执行有关规定，造成设备装置性缺陷即习惯性装置违章

【举例】 电力企业使用的机械、设备等装置，有的因设计不周，安全性能不完善；有的采购了存有缺陷的机械设备；有的因施工留有隐患；还有的因验收不严，使装置潜藏不安全因素，这些典型装置违章，一旦时机成熟，就可能引发事故。

【纠正方法】 要明确：装置违章同其他违章一样，如得不到及时纠正，装置失灵或带病运行，也会引发设备损坏和人员伤亡事故。所以，也应像反其他违章行为一样，实行全过程安全管理，做好装置的设计、采购、施工、验收等预防工作，使装置始终处于性能良好和安全状态，避免发生典型装置违章引发的事故。

编 后 语

违章是安全生产的大敌，这一点在电力企业已取得共识。

为了推进反违章工作的深入开展，我们针对电力企业反违章工作的实际，收集整理了典型违章的各种表现及其纠正方法和预防措施，供电力企业职工在反违章工作中参考。如果本书能对电力企业反违章工作有所裨益，我们将感到由衷的欣慰。

本书由张际华、田雨平同志主编；张兆林、苗杰同志精心绘制了插图，此外，田大伟、王伟、汪力、周凤鸣、王旭泽、王旭东等同志也参加了本书的编写工作，在此一并表示感谢。

由于水平有限，书中不当之处恳请读者批评指正。

编 者

2011 年 2 月